# WAP 深度数据包解析

谷勇浩　主编

U0244186

北京邮电大学出版社
www.buptpress.com

# 内 容 简 介

市面上多数 WAP 方面的书籍都只讲解 WAP 原理和应用,本书从深度包检测(DPI)的角度对 WAP 数据包进行深度解析,并将分析结果应用于实战场景,本书能使读者理论联系实际,学好 WAP。

本书首先介绍 WAP 基本内容,WAP 1.X、WAP 2.0 协议栈和模型,其次介绍数据包分析工具 Wireshark,然后对 WAP 1.X 协议数据单元和协议交互流程详细展开描述,紧接着介绍 WAP Push 的工作原理、消息格式以及服务方式,从 WAP 深度解析实战方面进行描述,包括协议的识别,数据包的分片、乱序、重组和重定向,最后介绍 WAP 虚拟环境搭建流程以及程序设计过程中主要的数据结构和接口函数。

本书可作为高等学校(非)计算机专业本科生和研究生深入学习网络协议并进行上机操作或者相关课程设计的辅助教材,也可供广大从事网络数据包分析和开发的读者参考。

**图书在版编目(CIP)数据**

WAP 深度数据包解析 / 谷勇浩主编. -- 北京:北京邮电大学出版社,2020.5
ISBN 978-7-5635-6038-7

Ⅰ. ①W… Ⅱ. ①谷… Ⅲ. ①计算机网络—通信协议 Ⅳ. ①TN915.04

中国版本图书馆 CIP 数据核字(2020)第 066825 号

**策划编辑:**马晓仟 **责任编辑:**孙宏颖 **封面设计:**七星博纳

---

**出版发行:**北京邮电大学出版社
**社  址:**北京市海淀区西土城路 10 号
**邮政编码:**100876
**发 行 部:**电话:010-62282185 传真:010-62283578
**E-mail:**publish@bupt.edu.cn
**经  销:**各地新华书店
**印  刷:**保定市中画美凯印刷有限公司
**开  本:**720 mm×1 000 mm 1/16
**印  张:**7.5
**字  数:**138 千字
**版  次:**2020 年 5 月第 1 版
**印  次:**2020 年 5 月第 1 次印刷

---

ISBN 978-7-5635-6038-7 定价:23.00 元

# 前　　言

　　本书写作的主要动机是作者在从事网络协议理论教学和网络编程教学过程中缺少实际案例的支撑,导致学生在上机过程中目标不明确。因此,作者根据自身在DPI(Deep Packet Inspection,深度包检测)分析工程实践过程中对 WAP(Wireless Application Protocol,无线应用协议)深入分析及实践的经历,完成本书的撰写。

　　WAP 类似于 TCP/IP 协议栈的协议集,规定了适用于多种无线设备的网络协议和应用程序框架,这些设备包括移动电话、寻呼机、个人数字助理(PDA)等。WAP 的目标是让人们使用手机等移动通信终端设备,通过它随时接收各种信息,上网冲浪、浏览网页、收发电子邮件,进行网上电子商务。要向无线终端用户提供互联业务,必须要在移动网络和 Internet 两个网络之间建立一个桥梁,使客户端(无线终端)和 Internet 服务器之间的交互成为可能。WAP 为互联网和移动通信网络之间建立了全球统一的开放标准。如何才能有效地分析 WAP 并且识别各类基于 WAP 的具体应用呢? DPI 正是这样的技术。

　　随着网络通信技术跨入大数据时代,如何监控各类业务系统通信数据的传输质量并且识别其中的异常内容,是网络管理面对的一个难题,传统的实时检测与防御已不能胜任对海量数据中细微异常的识别。DPI 是一种基于数据包的深度检测技术,它在传统 IP 数据包检测技术(OSI 参考模型第 2 层至第 4 层内容的检测)之上增加了应用协议识别、数据包内容检测与深度解码。捕获网络通信的原始数据包,DPI 技术使用三大检测手段:基于应用数据的"特征值"检测、基于应用层协议的识别检测、基于行为模式的数据检测。根据不同的检测方法对数据包可能含有的异常数据逐一拆包分析,深度挖掘出宏观数据流中存在的细微数据变化。

　　本书并没有对 DPI 技术做深入讲解,而是利用 DPI 技术对 WAP 做深度数据包解析,并且将解析结果应用于实战场景,达到理论联系实际的目的。本书分为 7 章。

　　第 1 章介绍 WAP 的基本概念、WAP 技术的发展历程和现状以及 WAP 分析过程中重要概念的解释等。

　　第 2 章介绍 WAP 模型,从 WWW 模型入手,重点介绍 WAP 1. X、WAP 2.0 模型和协议栈。

第 3 章深入分析 WAP 1.X 协议数据单元,包括 WTP 和 WSP 协议数据单元内容的分析,以及 WDP 和 WTLS 协议的分析。

第 4 章介绍数据包分析的重要工具 Wireshark,包括 Wireshark 的发展历程、工作流程以及安装步骤。

第 5 章介绍 WAP 1.X 协议的交互流程,主要包括面向连接的交互、无连接的交互、安全面向连接的交互、安全无连接的交互、串联交互以及重定向过程。

第 6 章介绍 WAP 的特殊交互过程 WAP Push,主要包括 WAP Push 的结构、消息、服务方式、子协议以及状态列表。

第 7 章作为本书的重要章节,列举了 WAP 分析的实战场景,包括关键字识别和内容提取,WAP 的识别方法,WAP 1.X 和 WAP 2.0 在分片、乱序和重传等情况下的识别方法,WAP 方法对应流量的统计,识别 WAP 业务的成功与失败,WSP 自定义报头中插入特定内容的识别,重定向以及重定向内容修改的识别等,最后给出 WAP 分析流程及程序设计过程中重要接口函数和数据结构的设计。

由于编者水平有限,时间仓促,书中难免有疏漏和错误之处,恳请使用和关心本书的广大读者朋友们批评指正。意见或建议请发送至:guyonghao@bupt.edu.cn。

**谷勇浩**

# 目　　录

# 第1章 WAP 基本内容

## 1.1 概 述

WAP(Wireless Application Protocol,无线应用协议)[附录 A:WAP]类似于 TCP/IP 协议栈的协议集,规定了适用于多种无线设备的网络协议和应用程序框架,这些设备包括移动电话、寻呼机、个人数字助理(PDA)等。WAP 的目标是让人们使用手机等移动通信终端设备,通过它随时接收各种信息,上网冲浪、浏览网页、收发电子邮件,进行网上电子商务。要向无线终端用户提供互联业务,必须要在移动网络和 Internet 两个网络之间建立一个桥梁,使客户端(无线终端)和 Internet 服务器之间的交互成为可能。WAP 就是这样的技术,它为互联网和移动通信网络之间建立了全球统一的开放标准。

## 1.2 WAP 的发展历程和现状

随着移动通信技术以及 Internet 技术的发展,WAP 技术已经成为移动终端访问无线信息服务的全球主要标准,也是实现移动数据以及增值业务的基础。1997 年中期,世界几个主要的移动设备制造商 Motorola、Nokia、Ericsson 和美国一家软件公司 Phone. com 作为最初的发起者成立了 WAP 论坛,开始进行 WAP 的开发。1997 年 7 月,WAP 论坛出版了第一个 WAP 标准架构。1998 年 5 月,WAP 1.0 版被正式推出,后来陆续推出了 1.1 版、1.2 版和 1.2.1 版。2001 年 8 月 WAP 2.0 版被正式发布。

WAP 设计的目标是,基于 Internet 中广泛应用的标准(如 HTTP、TCP/IP、

SSL、XML 等),提供一个对空中接口和无线设备独立的无线 Internet 全面解决方案,同时支持未来的开放标准。其中,独立于空中接口是指 WAP 应用(如对话音、传真和 E-mail 的统一消息处理等)能够运行于各种无线承载网络之上,如 TDMA、CDMA、GSM、GPRS(通用分组无线系统)、CDPD(蜂窝数字分组数据网)、CSD(电路交换式数据网)、SMS(短消息服务)和 USSD 等,而不必考虑它们之间的差异,从而最大限度地兼容现有的及未来的移动通信系统;独立于无线设备是指 WAP 应用能够运行于从手机到功能强大的 PDA 等多种无线设备之上,各厂商按照 WAP 生产的不同设备,要具有一致的用户操作方式。

在 OSI 模型的 7 层结构中,WAP 各层协议都是网络层以上的高层协议,它的目标是向下为各种承载方式提供统一的接口。

# 1.3  名 词 解 释

连接(Connection):一个传输层的实际环流,它建立在两个相互通信的应用程序之间。

代理(Proxy):一个中间程序,它可以充当一个服务器,响应客户端的请求;也可以充当一个客户机,为其他客户机建立请求。

能力协商(Capability Negotiation):使会话的功能与所选协议相互一致的一种机制。会话能力要在会话建立初期进行协商,通过能力协商,服务器的应用程序能够确定客户端是否支持某些特定的协议软件和配置。

实体(Entity):请求或响应传送的有效负荷信息。实体包括实体头(entity-header)和实体信息(entity-body,即内容)两部分。

内容(Content):同请求和响应一起发送的实体信息部分被称为内容。

内容协商(Content Negotiation):一种机制。当服务器为一个请求提供服务时,利用这种机制来选择响应的内容类型和编码方法,任何响应的内容类型和编码方法都可以进行协商。内容协商使服务器的应用程序能够确定一个客户端是否支持某种特定的内容格式。

资源(Resource):可以被 URL 识别的网络数据对象或服务,可以用多种表述格式来表达(如多种语言、数据格式、数据块尺寸和分辨率),或以其他方式进行变化。

方法(Method):客户端请求的类型,它的定义类似于 HTTP1.1(如 Get、Post

等）。一个 WSP 客户端使用方法和扩展方法调用服务器上的服务。

会话（Session）：为了进行事务处理而在两个应用程序之间建立的长生存期的通信上下文，用于事务处理和分类数据传送。

事务（Transaction）：在发起者和响应者之间动作交互的单元。一个事务从发起者发出的调用消息开始，响应者通过接收到这一调用消息而被激活。常见的事务包括 3 种。

① 方法事务是一种由客户端发起的请求-响应-确认机制，用于调用服务器上的方法。

② 推（PUSH）事务是一种由服务器发起的请求-确认机制，用于调用服务器上的方法。

③ 传输事务是一种低级的事务处理原语，它由事务服务的提供者提供。

PDU（Protocol Data Unit，协议数据单元）：一个数据单元，由协议的控制信息和可能的用户数据组成。

SDU（Service Data Unit，服务数据单元）：从上层协议来的信息单元，它定义了要求下层协议提供的服务。

# 第 2 章  WAP 模型

## 2.1  WWW 模型

WAP 借鉴了 WWW 模型用标准数据格式表示应用程序和内容的方式,并通过 Web 浏览器进行浏览。Web 浏览器是一个网络应用程序,也就是说,它向网络服务器发出数据传输请求,网络服务器则采用标准格式编码的数据作为响应。WWW 模型如图 2-1 所示。

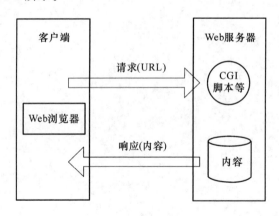

图 2-1  WWW 模型

## 2.2  WAP 1.X 模型

与传统的 WWW 通信结构类似,WAP 也采用客户机/服务器方式,但 WAP 模型在客户机与服务器之间多了一个 WAP 网关。客户机通过 WAP 网关然后再与资源服务器(Origin Server)通信。同时,在客户机与 WAP 网关之间传递的信息也有别于传统方式下客户机与服务器间交换的信息。如图 2-2 所示,WAP 1.X 通信体系主要由三部分组成。

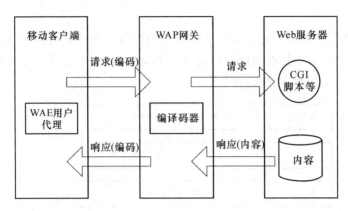

图 2-2 WAP 模型

① 移动客户端(Client)。移动客户端指安装有微浏览器的无线终端设备(如手机),能够对 WAP 网页进行显示、解释、执行。

② WAP 网关(WAP Gateway)。WAP 网关完成 HTTP 向无线 Internet 传输协议(WSP/WTP)的转换(Protocol Adapters),并对无线 Internet 内容进行压缩(WML Encoder)和编译(WML Script Compiler)。

③ Web 服务器(Origin Server)。Web 服务器与一般的 Internet 站点的区别仅是在网页编写上采取的语言有所不同,Web 服务器采用 WML(WAP 标记语言)语言缩写。

WAP 的内容和应用采用与 WWW 类似的模式定义,内容的传输也采用一套与 WWW 类似的标准通信协议。典型的 WAP 1.X 网关主要包括两个功能。

① 协议转换。负责把 WAP 1.X 的协议栈(WSP、WTP、WTLS 和 WDP)请求转换为 WWW 协议栈(HTTP、SSL、TCP/IP)请求。

② 内容编码和解码。内容编码器负责把 WAP 1.X 内容转换成压缩编码格式,从而减少无线网络上传输的数据量。通过使用代理技术,移动终端用户可以浏览大量的 WAP 内容,应用开发者也能开发出大量与具体终端无关的应用服务。同时,WAP 网关允许内容和应用驻留在固定的 WWW 服务器上,并且采用成熟的 WWW 技术来开发应用。标准的模型包括 WAP 客户机、WAP 网关以及 WAP 服务器。但 WAP 体系结构可以支持其他配置。例如,把 WAP 网关的功能包含在 WAP 服务器中,这样就可以在客户端与服务器端之间实现安全的端到端连接。

# 2.3 WAP 1.X 协议栈

WAP 的结构为移动通信设备的开发应用提供了可伸缩的、可扩展的环境,这种优越性建立在完整协议栈的分层设计的基础上(如图 2-3 所示),结构中的每层协议都可以被上层的协议来访问。

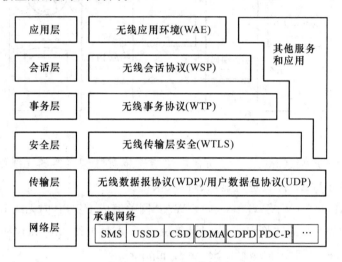

图 2-3 WAP 1.X 协议栈结构图

① WAP 协议栈的最高层是应用层,WAE(Wireless Application Environment,无线应用环境)[附录 A:WAE]定义了一系列可以运行在 WAP 设备上的业务,确保这种业务能很好地适用于 WAP 模型并被 WAP 的其他部分所支持。WAE 定义了一些技术,常用的是:WML(Wireless Markup Language,无线标记语言)和 WML 脚本,WML、WML 脚本和 WBMP 的内容格式,WML 的用户代理。当 WAP 引入新功能时,这些技术还会扩展。由于固定网上使用的实际资源不能很好地适用于无线环境,因此 WWW 技术中所定义的内容格式与 WAP 中的内容格式不同,WAP 的应用层采用新的、增强的、基于 WWW 技术的内容格式,以有效地适用于无线网。WML 和 WML 脚本分别对应于 HTML 和 Java 脚本。WBMP 对应于固定网中常见的 GIF 图像,是一种优化了的图形格式。WML 内容写成 WML 文件,在传到 WAP 设备上时编码成二进制。WML 的用户代理即 WML 的浏览器,它在一个典型的 WAP 设备中提供大部分设备用户接口,类似于 Web 浏览器,但它用来解释 WML 内容。为 WML 用户代理创建应用涉及用 WML 编写内容。

②会话层采用 WSP(Wireless Session Protocol,无线会话协议)[附录 A:WSP],使用已知的接口为 WAE 层提供两种会话服务:来自 WTP 层的基于连接的服务以确保数据传输,以及不能确保数据传输的无连接数据报服务(UDP 或 WDP)。由于 HTTP 不能在无线网上有效地运行,因此 WAP 定义了新的传输协议 WSP,它是 HTTP 的修改版本。WSP 的内核是 HTTP 1.1,为适应无线网络做了修改。无线网上没有充足的带宽,WSP 力图减少数据的发送。HTTP 基于文本信息,这在带宽很窄的无线网上效率不高。WSP 执行 HTTP 的二进制形式,任何可以编码成压缩的二进制的数据都在传输前进行编码压缩,包含头的名字和值。由于 WML 的内容已经是二进制形式了,所以不用对它进行处理。WSP 会话并不用 TCP 方式保证数据传输,因其在无线网中效率也是不高的。WSP 主要用于浏览器应用,支持 HTTP 1.1 头并支持扩展模式、能力协商、二进制编码以减少协议开销和异步请求应答(同时处理多个请求)等。

③ WTP(Wireless Transaction Protocol,无线事务协议)[附录 A:WTP]是轻量级的基于事务的协议,能在无线数据网络中有效地运行。WTP 执行用来支持 WSP 浏览请求/应答的功能。一个请求/应答对是一个事务,因此称之为无线事务协议。WTP 采用数据报服务(UDP 或 WDP),提供给 WSP 比纯数据报更可靠的传输服务。

④安全层采用的 WTLS(Wireless Transport Layer Security,无线传输层安全)[附录 A:WTLS]协议是可选的,它应用于 WAP 应用业务及数据报业务之间。GSM 网络本身有很好的安全机制,空中加密算法对大多数 WAP 业务足够了,但是,如果 WAP 要实现一些端到端安全的业务(如在线银行及其他金融交易),还需要增加数据的安全性。WAP 应用业务可以选择是否采用安全性业务,这样不需要安全性的基于 WAP 的业务就可不必增加额外的开销。WTLS 为 WAP 应用提供以下安全服务:a.加密,保证手机终端与 WAP 设备间的数据包不被第三方理解;b.数据完整性,保证所传送的数据不发生变化;c.认证。

⑤ WDP(Wireless Datagram Protocol,无线数据报协议)运行于不同网络类型支持的数据承载。WDP 是一般数据报服务,使用下层承载为上层提供一致的服务,为上层协议提供通用接口,使其上层适配到指定的下层承载网络中,这使得上层协议可以与下层承载网络无关。WDP 被设计为 UDP 的替代,像 UDP 一样提供相同的 WAP 数据报服务接口,它在下层没有 IP 承载时可使用短信平台。在实际使用中,手机浏览 WAP 内容拨号接入要经过服务器设备,它提供 IP 的承载,采用 UDP 的方式,WDP 在实际中很少使用。

⑥对于承载层,WAP 制定者的出发点是力图采用各种承载方式(如 GSM、

CDMA、CDPD 等），为所有无线网络的终端提供接入互联网的服务。对 GSM 承载方式，又有基于短信、CSD、GPRS 等多种。以前的 WAP 浏览业务绝大部分采用 GSM 的 CSD 方式，连接速度很慢，在 GPRS 提供商用后，WAP over GPRS 的高速率使得这种状况得到明显的改善。

# 2.4　WAP 2.0 模型和协议栈

考虑网络支持的能力，特别是手机支持的能力，在移动数据业务发展初期，WAP 1.X 不直接采用有线互联网上的 HTTP/TLS/TCP，而采用了 WSP/WTP/WTLS/WDP，并同时增加了 WML 语言，这些协议是在参考固网协议（HTTP/TLS/TCP）的基础上产生的，但这也造成了不能通过手机直接访问 Internet，而只能通过网关代理上网的情况。随着网络特别是终端的发展，移动网络与固定网络在传输性能上的差异减小，WAP 2.0 在协议的实现上采用了更接近固网的成熟协议（TCP［RFC793］、HTTP［RFC2068、2616］），但是为了保证与 WAP 1.X 的手机兼容，还必须提供对 WAP 1.X 协议栈的支持，因此 WAP 2.0 采用双协议栈架构：包括 WAP 1.X 协议栈和 WAP 2.0 协议栈。WAP 2.0 的一个关键特性是将互联网协议引入 WAP 环境，在 2.5G 和 3G 上提供比 WAP 1.X 性能更高（应用更广泛，便于和固定网络互联）的无线网络传送协议。总之，对能提供 IP 连接的承载，WAP 2.0 协议栈用 WP-TCP 代替了 WAP 1.2 中的 WSP/WTP/WDP（UDP），对不能提供 IP 连接的承载，依然采用 WSP/WTP/WDP 协仪栈，所以可以说，WAP 2.0 回归到了原来的 HTTP/TCP。两种协议栈的对比如图 2-4 所示。

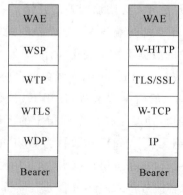

WAP 1.X协议栈　　WAP 2.0增加协议栈

图 2-4　WAP 协议栈

尽管 WAP 2.0 采用的 HTTP/TCP 协议栈可以和固网中的 HTTP/TCP 互相兼容,但是由于无线信道和有线信道在信道容量、传输效果等方面存在固有差异,WAP 2.0 中规定,可以对固网中的 HTTP/TCP 进行修改优化,使之更适应无线网络的传输,分别称之为 W-TCP(Wireless Profiled TCP)和 W-HTTP(Wireless Profiled HTTP)。下面简要介绍这两种协议。

## 2.4.1　W-TCP

### 1. W-TCP 支持的通信模型

[附录 A：WAP-225-TCP-20010331-a]中规定 W-TCP 的设计必须同时支持两种操作模式:网关模式和端到端模式。在实际通信中,WAP 终端和服务器之间具体采用哪种通信模式,取决于网络状况、应用类型和接入方式。

(1) 采用 WAP 网关的通信模型

和 WAP 1. X 通信模型一致,WAP 网关也介于终端设备(WAP Device)和服务器(Origin Server)之间作为两者通信的代理。采用这样的代理方式,网关必须分别和终端设备以及服务器建立 TCP 连接,而在终端设备和服务器之间不存在直连的端到端 TCP 连接。在终端设备和服务器进行通信时,网关顺序从一个连接接收数据并通过另一个连接发送数据。其中,终端设备和网关之间的连接使用WTCP,而网关和服务器之间的连接使用标准的 TCP,如图 2-5 所示。

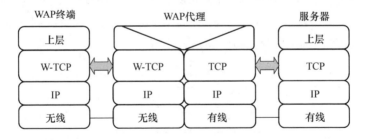

图 2-5　采用 WAP 网关的通信模型

采用 WAP 网关的方案具有许多优点,它提供了一种最简单的方式来避免无线网络和有线网络互联产生的问题,同时有利于各种 W-TCP 方案在无线网上的先期测试和部署,并不断完善以提升无线网络的传输性能。关于采用网关方式的优缺点的详细介绍请参看 [RFC2757]。

（2）不采用 WAP 网关的通信模型

尽管 WAP 网关被广泛采用,但是在某些应用场合(如无线路由器)也可以不需要网关作为中转,W-TCP 可直接用作 WAP 终端和服务器之间的端对端连接协议,如图 2-6 所示。

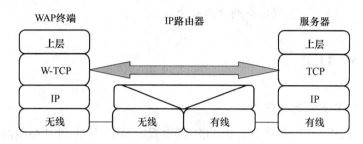

图 2-6  不采用 WAP 网关的通信模型

### 2. W-TCP 与传统 TCP 的关系

在 W-TCP 协议字段中,除了具有普通的 TCP 字段外,还补充了一些字段。

（1）优化原因

无线网络中数据传输的特点:较高的误比特率,相对较长的延时,可变的带宽和延时。在这样的环境中,TCP 性能由于以下原因急剧下降。

① 网络中的错误数据包被丢弃。如果网络中存在大量的错误数据包,会导致阻塞窗口变小,可用窗口也变小。滑动窗口(如图 2-7 所示)的大小受到两个因素的影响:接收端缓存容量(即接收端窗口大小,rwnd)和网络承载容量(即阻塞窗口大小,cwnd)。可用窗口大小 = min(rwnd,cwnd)。当接收端收到新的 ACK 后,cwnd 增大;当检测到丢弃数据包时,cwnd 减小。

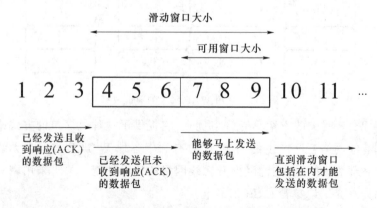

图 2-7  TCP 滑动窗口示意图

② 在高误比特率的情况下,TCP 窗口会长时间保持很小。

③ 指数回退(exponential back-off)重传机制(为了增加时延)的使用引起重传超时,导致长时间连接通道空闲。例如,发送方发送消息,设置重传(未收到 ACK 消息)定时器为 0.25 s,如果没收到 ACK 消息,重传消息并且等待 ACK 消息 0.5 s,如此反复,直到收到 ACK 消息,每次重传消息前等待时间依次为 1 s、2 s、4 s、8 s 等。重传次数(或者重传持续的最长时间)由客户端设定。

④ 链路层和传输层各自独立的计时器可能导致冗余的重传。

⑤ 切换或者信号覆盖不到导致频繁断链。

(2) 优化内容——补充字段

为了解决上述问题,TCP 中增加了补充字段(如表 2-1 所示),这些内容在 TCP 报头的 Options 字段内描述。

表 2-1　补充字段内容

| 内　容 | 条　件 | 是否必选 |
| --- | --- | --- |
| 基于 BDP 大窗口大小的选项 | | 必需(should) |
| 窗口尺寸因子选项 | 窗口大小≥64 KB | 必需(must) |
| | 窗口大小<64 KB | 可能(may) |
| 用于 RTT 的时间戳选项 | 窗口大小≥64 KB | 必需(should) |
| | 窗口大小<64 KB | 可选(may) |
| 大的初始化窗口选项(cwnd≤2) | | 必需(must) |
| 大的初始化窗口选项(cwnd>2) | | 可选(may) |
| 选择性确认选项(SACK) | | 必需(must) |
| 路径 MTU 发现选项 | | 必需(should) |
| 大于 IP MTU 的 MTU 选项 | 不支持路径 MTU 发现选项 | 可选(may) |
| 显式的拥塞通告(ECN)选项 | | 可选(may) |

• 基于 BDP(Bandwidth Delay Product,带宽时延积)大窗口大小

为了提高 TCP 传输性能(充分利用带宽而且避免网络阻塞、减少时延),用此字段。窗口最小值用 BDP 计算(BDP ＝ 可用带宽 × 传送往返时延);窗口最大值是发送缓冲区大小和接收缓冲区大小中的最小值。

• 窗口尺寸因子

为了提高 TCP 传输性能(利用窗口控制),用此字段。

• 基于 RTT 的时间戳

为了提高 TCP 传输性能(利用 RTT),用此字段。

• 大的初始化窗口

初始化窗口指阻塞窗口的初始大小。

• 选择性确认

该字段用于描述有多个分片丢失的情形。

• 路径 MTU 发现

路径 MTU 发现是指数据发送端针对指定路径确定最大传输量(transmission unit)。

• 显式的拥塞通告

TCP 接收端在响应数据包中设置 ECN-Echo 标志位,通知发送端网络出现阻塞;发送端收到响应数据包后,发现 ECN-Echo 标志位,减小阻塞窗口大小。

## 2.4.2　W-HTTP

### 1. 常用通信模型中的 W-HTTP

(1) 采用 WAP 网关的 W-HTTP

采用 WAP 网关的 W-HTTP 模型[附录 A:W-HTTP]如图 2-8 所示。

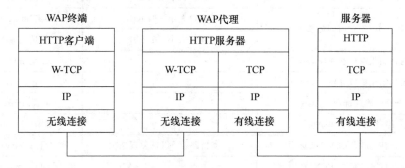

图 2-8　采用 WAP 网关的 W-HTTP

(2) 用于 WAP PUSH 的 W-HTTP

用于 WAP PUSH 的 W-HTTP 模型如图 2-9 所示。

### 2. W-HTTP 与 HTTP 的关系

① W-HTTP 规范源于 HTTP 规范[RFC 2616],将 HTTP 规范中的内容分为必选部分和可选部分。

② W-HTTP 支持"拉(Pull)"和"推(Push)"两种操作。Pull 操作就是 HTTP 规范中描述的请求/响应方法;Push 功能改变了 WAP 终端的角色,被看作 HTTP 服务器,那么 Push 操作就可以看作针对 WAP 终端的请求和响应过程。

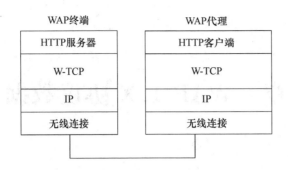

图 2-9　用于 WAP PUSH 的 W-HTTP

③ W-HTTP 采用 CONNECT 方法支持隧道建立过程,从而实现端到端安全的解决方案。

④ 为了减少空中传输数据量,缩短空中传送时间,W-HTTP 支持响应内容的消息体压缩格式。

**3. W-HTTP 操作**

根据终端和代理各自充当角色的不同,W-HTTP 操作方法分为以下 4 种情况。

(1) WAP 终端充当 HTTP 客户端

必须支持 GET 和 POST 方法[RFC 2616];如果终端支持 TLS 协议,那么必须支持 CONNECT 方法。

(2) WAP 终端充当 HTTP 服务器端

如果终端提供 HTTP 服务器功能,必须支持 GET、HEAD、POST 和 OP-TIONS 方法。

(3) WAP 网关充当 HTTP 客户端

如果代理提供 HTTP 客户端功能,必须支持 GET、POST 和 OPTIONS 方法。

(4) WAP 网关充当 HTTP 服务器端

代理必须支持 GET、HEAD、POST 和 CONNECT 方法,可能支持 OPTIONS 方法。

# 第3章 WAP 1.X 协议数据单元

在通信领域,协议数据单元(PDU)具有以下含义:①网络中通信双方交互的信息单元包括控制信息、地址信息以及数据;②在以 OSI 参考模型为基础的通信网络中,协议数据单元(指每层协议定义的数据单元)包括该层的协议控制信息和数据内容。例如,在 OSI 模型中,第一层的 PDU 称为流,第二层的 PDU 称为帧,第三层的 PDU 称为包,第四层的 PDU 称为段,上层的 PDU 就是数据内容。WAP 1.X 协议栈采用的是分层结构,每层协议包含各自的协议数据单元。

## 3.1 WTP 协议数据单元的内容

WTP 协议数据单元的内容包含多个字节(协议每个字段都由 WTP PDU 的 1 个或者几个比特定义),包括常用信息部分和非常用信息部分。常用信息部分包括 WTP PDU 类型以及大多数 PDU 类型使用的参数(注:部分 PDU 类型的第一字节的最后 3 位与其他 PDU 类型内容不同,参见 3.1.3 节),非常用信息部分包括传输信息项以及各种 WTP 类型特有参数。

### 3.1.1 常用信息部分

(1)连续标志位(Continue Flag,CON)

连续标志位在 WTP 第一字节中,占 1 bit,指出报头可变部分中是否存在传输信息项(TPI)。"1"表示存在;"0"表示不存在。可变部分大小的计算参见 3.1.2 节。

(2)PDU 类型(PDU Type)

PDU 类型在 WTP 第一字节中,占 4 bit,指出 WTP PDU 的类型(如表 3-1 所示),为接收端 WTP 提供者提供信息,说明 PDU 数据应该被如何解释以及请求什么样的操作。

表 3-1　WTP PDU 类型

| PDU 类型 | PDU 编码 | 应用场景 |
|---|---|---|
| 不允许 | 0x00* | |
| 调用(Invoke) | 0x01 | 客户端请求建立连接及有其他请求(Get、Post)时 |
| 结果(Result) | 0x02 | 服务器端响应请求连接或者响应其他请求(Get、Post)时 |
| 确认(ACK) | 0x03 | 连接建立成功/失败或者数据传输成功/失败 |
| 放弃(Abort) | 0x04 | 放弃会话请求 |
| 分片调用<br>(Segmented Invoke) | 0x05** | 消息长度超过承载者的 MTU 时,客户端再发出的 Invoke 请求都是分片的 |
| 分片结果<br>(Segmented Result) | 0x06** | 消息长度超过承载者的 MTU 时,服务器端再发出的 Result 响应都是分片的 |
| 否定确认<br>(Negative ACK) | 0x07** | 在分片调用和分片结果时,如果数据包丢失,响应者发出否定 ACK,指出丢失分组数目以及丢失分组 PSN |

注:如果数据包的第一个字节为 0x00,"*"表示数据包包含多个 Concatenated PDU,参见 5.5 节;"**"表示此 PDU 仅在执行分片功能时有效。

（3）跟踪标志位(Trailer Type)

跟踪标志位在 WTP 第一字节中,占 2 bit,分为传输跟踪（TTR）和群跟踪（GTR）标志位,如表 3-2 所示。当进行分片和重组时,TTR 标志位用来表示被分片消息的最后一个分组,而 GTR 标志位用来表示分组群的最后一个分组。

表 3-2　跟踪标志位类型

| 跟踪标志位(GTR\|TTR) | 含　义 |
|---|---|
| 00 | 不是最后一个分组 |
| 01 | 消息的最后一个分组 |
| 10 | 分组群的最后一个分组 |
| 11 | 不支持分片和重组 |

（4）重传指示(Re-transmission Indicator,RID)

重传指示在 WTP 第一字节中,占 1 bit,用于指示重传的分组。

（5）事务标识(Transaction ID,TID)

事务标识在 WTP 第二字节和第三字节中,占 15 bit,用于将一个分组和一个特定的事务关联。在一条流中,同一交互过程使用相同的 TID,按照交互过程出现的顺序,TID 依次递增。

(6) TID 响应标志位

TID 响应标志位在 WTP 第二字节中,占 1 bit,该标志位作为 TID 的补充,指示该数据包是否是服务器发出的数据包。

## 3.1.2  传输信息项

传输信息项(TPI)用来定义 WTP 头中不常使用的 WTP 参数。当常用信息部分的连续标志位(CON)是 1 时,表明存在 TPI 字段,该字段处于 WTP 常用信息字段之后,TPI 数据的长度由 TPI 部分的第一字节最低两位(当 TPI 部分第一字节的倒数第 3 位是 0 时)或者第二字节(当 TPI 部分第一字节的倒数第 3 位是 1 时)的内容确定,如表 3-3、图 3-1 所示。TPI 检测方法:WTP 第一字节大于 0x80,表示存在 TPI 字段。如果 WTP 第一字节是 0x00,参考 5.5 节定位子 PDU 的首字节位置。

TPI 的结果如表 3-3、图 3-1 所示。当 CON = 0 时,这是最后一个 TPI;当 CON = 1 时,后面还有其他 TPI。TPI 标识字段说明 TPI 的不同种类(如图 3-2 所示)。倒数第 3 位用于区分两种 TPI 字段的格式以及 TPI 数据长度的获取位置。

**表 3-3  TPI 编码格式**

| TPI | TPI 标识 | 注　释 |
|---|---|---|
| 错误 | 0x00 | 当使用了错误的或不支持的 TPI 时,发送者会收到错误的 TPI |
| 信息 | 0x01 | 用于传输少量数据,也用于性能测量或者数据分析 |
| 选择 | 0x02 | 携带性能参数(如最大接收单元、延迟传输时间等) |
| 分组序列号(PSN) | 0x03 | 当可选的分片和重组功能被实现时,使用该 TPI 标识分片序号 |

| 位<br>字节 | 7 | 6 | 5 | 4 | 3 | 2 | 1 | 0 |
|---|---|---|---|---|---|---|---|---|
| 1 | CON | TPI 标识 | | | 1 | | 保留 | 保留 |
| 2 | TPI 数据长度 = N | | | | | | | |
| 3 | TPI 数据 | | | | | | | |
| ... | | | | | | | | |
| 2 + N | | | | | | | | |

图 3-1  第一种 TPI 字段格式

| 位<br>字节 | 7 | 6 | 5 | 4 | 3 | 2 | 1 | 0 |
|---|---|---|---|---|---|---|---|---|
| 1 | CON | TPI 标识 | | | | 0 | TPI 数据长度 = M | |
| 2 | TPI 数据 | | | | | | | |
| ... | | | | | | | | |
| 1 + M | | | | | | | | |

图 3-2　第二种 TPI 字段格式

## 3.1.3　不同 PDU 类型的格式

### 1. Invoke PDU

Invoke PDU 的格式如图 3-3 所示。

| 位<br>字节 | 7 | 6 | 5 | 4 | 3 | 2 | 1 | 0 |
|---|---|---|---|---|---|---|---|---|
| 1 | CON | 类型 = Invoke | | | | 跟踪标志位 | | RID |
| 2 | TID 响应 | TID | | | | | | |
| 3 | TID(续) | | | | | | | |
| 4 | 版本 | | TIDnew | U/P | 保留 | | TCL | |

图 3-3　Invoke PDU

（1）事务级别（TCL）

事务级别表示发起者在调用消息中希望的事务级别，TCL 类型和编码如表 3-4 所示。

- 第 0 级事务：发起者发起一个第 0 级事务（Invoke）。
- 第 1 级事务：发起者发起一个第 1 级事务（Invoke）；响应者确认所收到的调用消息（ACK）。
- 第 2 级事务：发起者发起一个第 1 级事务（Invoke）；响应者收到调用请求后返回结果消息（Result）；发起者确认收到的结果消息（ACK）。

表 3-4　TCL 类型和编码

| 类　型 | TCL 编码 |
| --- | --- |
| 0x00 | 00 |
| 0x01 | 01 |
| 0x02 | 10 |

（2）TIDnew 标志位

当会话发起者已经使用了所有的 TID 值时设置此标志位，即下一个 TID 比上一个小。当响应者接收到 Invoke PDU 并且 TIDnew 标志位被设置时，它使发起者缓存的 TID 值无效。

（3）版本

版本为 0x00。

（4）U/P 标志位

"1"表示发起者请求一个来自服务器 WTP 用户的用户确认,表明 WTP 用户要确定每一条收到的消息。"0"表示 WTP 提供者可以在没有 WTP 用户确定的情况下响应一个消息。

**2. Result PDU**

Result PDU 如图 3-4 所示。

| 位<br>字节 | 7 | 6 | 5 | 4 | 3 | 2 | 1 | 0 |
| --- | --- | --- | --- | --- | --- | --- | --- | --- |
| 1 | CON | 类型＝Result | | | | 跟踪标志位 | | RID |
| 2 | TID 响应 | TID | | | | | | |
| 3 | TID(续) | | | | | | | |

图 3-4　Result PDU

**3. ACK PDU**

ACK PDU 如图 3-5 所示。

Tve/Tok 标志位在响应者到发起者的方向上,Tve 标志位(TID 验证)的含义是"是否携带该 TID 的未完成事务";在相反的方向,Tok(TID OK)标志位的含义是"携带该 TID 的未完成事务"。

| 位<br>字节 | 7 | 6 | 5 | 4 | 3 | 2 | 1 | 0 |
|---|---|---|---|---|---|---|---|---|
| 1 | CON | 类型＝ACK | | | | Tve/Tok | 保留 | RID |
| 2 | TID 响应 | TID | | | | | | |
| 3 | TID(续) | | | | | | | |

图 3-5　ACK PDU

## 4. Abort PDU

Abort PDU 如图 3-6 所示。

| 位<br>字节 | 7 | 6 | 5 | 4 | 3 | 2 | 1 | 0 |
|---|---|---|---|---|---|---|---|---|
| 1 | CON | 类型＝Abort | | Abort Type | | | | |
| 2 | TID 响应 | TID | | | | | | |
| 3 | TID(续) | | | | | | | |
| 4 | Abort Reason | | | | | | | |

图 3-6　Abort PDU

Abort Type 和 Abort Reason 分别表示会话放弃类型和放弃原因。

（1）Abort Type

Abort Type 如表 3-5 所示。

表 3-5　Abort Type

| Abort Type | 编 码 | 描　述 |
|---|---|---|
| 提供者(Provider) | 0x00 | 由 WTP 提供者自身产生的放弃 |
| 用户(User) | 0x01 | 由 WTP 用户产生的放弃 |

（2）Abort Reason

Abort Reason 如表 3-6 所示。

表 3-6　Abort Reason

| Abort Reason | 编 码 | 描　述 |
|---|---|---|
| Unknown | 0x00 | 通用的错误编码,表示意外的错误 |
| Protocol error | 0xe0 | 收到非法的 PDU |
| Disconnect | 0xe1 | 会话被断开 |
| Suspend | 0xe2 | 会话被挂起 |

| Abort Reason | 编 码 | 描 述 |
|---|---|---|
| Resume | 0xe3 | 会话被恢复 |
| Congestion | 0xe4 | 终端被阻塞,无法处理应用数据单元 |
| Connect error | 0xe5 | 会话连接失败 |
| Maximum Receive Unit exceeded | 0xe6 | 超过最大接收单元的大小 |
| Maximum Outstanding Request exceeded | 0xe7 | 超过最大请求的大小 |
| Peer request | 0xe8 | 终端(peer)请求 |
| Network error | 0xe9 | 网络错误 |
| User request | 0xea | 用户请求 |
| User refused | 0xeb | 用户拒绝 push 消息 |
| User push no destination | 0xec | 用户 push 消息不能送到目的端 |
| User discard | 0xed | 由于缺少资源,用户 push 消息被丢弃 |
| User DCU | 0xee | 无法处理用户 push 消息的内容类型字段 |

### 5. Segmented Invoke PDU

Segmented Invoke PDU 如图 3-7 所示。

| 位<br>字节 | 7 | 6 | 5 | 4 | 3 | 2 | 1 | 0 |
|---|---|---|---|---|---|---|---|---|
| 1 | CON | 类型＝Segmented Invoke | | | | 跟踪标志位 | | RID |
| 2 | TID 响应 | TID | | | | | | |
| 3 | TID(续) | | | | | | | |
| 4 | 分组序列号 | | | | | | | |

图 3-7  Segmented Invoke PDU

分组序列号(Packet Sequence Number,PSN)表示一个分组在被分组消息中的位置。

如果消息的长度超过了现有承载者的 MTU,那么此消息就被 WTP 分割成多个分组来发送。被分割消息的几个分组可以按照一个群的方式发送和响应。Invoke 消息分割过程如下。

当 Invoke 消息超过承载者 MTU 时,Invoke 消息被分割成一个有顺序的序列,此序列由一个 Invoke PDU 和随后的一个或者多个 Segmented Invoke PDU 组成。在初始的 Invoke PDU 中,跟踪标志位是 00 表示 Invoke 消息被分割,在随后的 Segmented Invoke PDU 中,跟踪标志位是 00 表示分组尚未结束。从第一个

Segmented Invoke PDU 开始,PSN 从 1 依次递增(PSN 和 TID 作为判断分组是否乱序的依据)。如果出现跟踪标志位 10,表示一个群结束,响应端发回一个 ACK 确认消息,在 TPI 数据字段部分标识当前的 PSN(注意:在上一个群被确认前,发送者不能发送同一个事务的新的分组)。如果丢失了一个或多个分组,则接收者返回一个 Negative ACK PDU。丢失的分组以原来的 PSN 重传,RID 位置 1。当接收端收到的数据包中,跟踪标志位是 01 时,表示收到了分组群中的所有分组,此时接收端可以重组消息。如果发送者在重传计时器达到阈值时还没有收到确认消息,则发送端只重传该分组。

**6. Segmented Result PDU**

Result 分割过程与 Invoke 分割过程相同,用于 Result 响应数据包被分割的情况。Segmented Result PDU 如图 3-8 所示。

| 位 字节 | 7 | 6 | 5 | 4 | 3 | 2 | 1 | 0 |
|---|---|---|---|---|---|---|---|---|
| 1 | CON | 类型＝Segmented Result | | | | 跟踪标志位 | | RID |
| 2 | TID 响应 | TID | | | | | | |
| 3 | TID(续) | | | | | | | |
| 4 | 分组序列号 | | | | | | | |

图 3-8 Segmented Result PDU

**7. Negative ACK PDU**

当分组接收端收到的分组不全时,发送 Negative ACK 数据包,给出丢失分组的信息。Negative ACK PDU 如图 3-9 所示。

| 位 字节 | 7 | 6 | 5 | 4 | 3 | 2 | 1 | 0 |
|---|---|---|---|---|---|---|---|---|
| 1 | CON | 类型＝Negative ACK | | | | 保留 | | RID |
| 2 | TID 响应 | TID | | | | | | |
| 3 | TID(续) | | | | | | | |
| 4 | 丢失分片数据包的数目 | | | | | | | |
| 5 | 丢失分片数据包的 PSN | | | | | | | |
| ... | | | | | | | | |
| 4＋N | | | | | | | | |

图 3-9 Negative ACK PDU

# 3.2 WSP 协议数据单元的内容

## 3.2.1 数据格式

### 1. WSP 数据类型格式定义

表 3-7 为 WSP 数据类型格式定义。

**表 3-7 数据类型格式定义**

| 数据类型 | 定 义 |
| --- | --- |
| bit | 一位数据 |
| uint8 | 8 位无符号整数 |
| uint16 | 16 位无符号整数 |
| uint32 | 32 位无符号整数 |
| uintvar | 可变长无符号整数 |

多字节整数值的网络传输次序是高字节优先。换句话说,最高有效字节在网络中优先传输,随后是较低有效字节。一个字节中各二进制位的传输次序也是高字节优先。换句话说,最先描述的数据位放置在最高有效位上并在网络中优先传输,随后是较低有效位。

### 2. 可变长无符号整数

数据单元格式中的一些字段是可变长的,特别要注意的是有一个字段规定了可变长字段的大小。为使数据单元格式尽可能小,使用可变长无符号整数编码来规定长度。无符号整数越大,相应的编码越大。每一个可变长无符号整数的字节都由 1 个连续位和 7 个负荷位(payload)组成。

在对较大的无符号整数进行编码时,按 7 位划分并分别放入各字节的负荷中。最高有效位放在第一个字节中,最低有效位放于最后一个字节中。除最后一个字节外,所有字节的连续位置 1,而最后一个字节的连续位置 0。

如图 3-10 所示,数值 0x87A5(1000 0111 1010 0101)的编码放在 3 个字节中。

采用这种编码方式,编码值的最后一个字节的值小于 0x80,第一个字节的值大于 0x80,其余字节的值大于等于 0x80。

连续位　　负荷位

图 3-10　可变长无符号整数编码格式

在数据单元格式的描述中,数据类型 uintvar 用来指示变量长度的整数字段。一个 uintvar 的最大位数为 32 位,它的编码不超过 5 字节。

## 3.2.2　WSP 协议数据单元的通用格式

WSP PDU 结构如图 3-11 所示。

| TID | PDU 类型 | PDU 内容 |

图 3-11　WSP PDU 结构

TID 字段(uint8)在无连接会话服务中请求连接和应答时必须占 WSP PDU 的第一字节,但是在面向连接会话的 PDU 中不能存在。在无连接 WSP 中,TID 作为会话原语的 Transaction ID 或 PUSH ID 参数传送给会话用户或从会话用户传送出去。

PDU 类型(uint8)字段规定了 WSP 层可以使用的会话方法以及功能,采用编码方式表示,占 WSP PDU 的第一字节(面向连接)或者第二字节(无连接),WSP PDU 的其他部分被看作 PDU 内容。

## 3.2.3　WSP PDU 类型分配

WSP PDU 类型如表 3-8 所示。

表 3-8　WSP PDU 类型

| 名　字 | 类型号码 |
| --- | --- |
| Reserved | 0x00 |
| Connect | 0x01 |
| ConnectReply | 0x02 |
| Redirect | 0x03 |
| Reply | 0x04 |

续　表

| 名　字 | 类型号码 |
|---|---|
| Disconnect | 0x05 |
| Push | 0x06 |
| ConfirmedPush | 0x07 |
| Suspend | 0x08 |
| Resume | 0x09 |
| Unassigned | 0x10～0x3F |
| Get | 0x40 |
| Options(Get PDU) | 0x41 |
| Head(Get PDU) | 0x42 |
| Delete(Get PDU) | 0x43 |
| Trace(Get PDU) | 0x44 |
| Unassigned(Get PDU) | 0x45～0x4F |
| Extended Method(Get PDU) | 0x50～0x5F |
| Post | 0x60 |
| Put(Post PDU) | 0x61 |
| Unassigned(Post PDU) | 0x62～0x6F |
| Extended Method(Post PDU) | 0x70～0x7F |
| Reserved | 0x80～0x8F |

## 1. Get

Get 字段包括 URILen(URL 字段长度,占一字节)、URI(URL 的具体内容)、Headers(同请求相关的报头,可选)。

Get 内容格式如表 3-9 所示。

表 3-9　Get 内容格式

| 内容名称 | 所占字段(字节) |
|---|---|
| URILen | uintvar |
| URI | URILen |
| Headers | uintvar |

和 Get 方法具有同样数据包格式的方法还有 OPTIONS、HEAD、DELETE 和 TRACE。

## 2．Post

Post 的用途：添加评论；向论坛、布告栏、新闻组、邮件列表中发消息；提交网络表格，等等。

Post 字段包括 URILen（URL 字段长度，占一字节）、HeadersLen（Content-Type 和 Headers 字段的组合长度，占一字节）、URI（URL 的具体内容）、Content-Type（数据的内容类型）、Headers（同请求相关的报头，可选）、Data（同请求相关的数据，可选）。

Post 内容格式如表 3-10 所示。

**表 3-10　Post 内容格式**

| 内容名称 | 所占字段（字节） |
| --- | --- |
| URILen | uintvar |
| HeadersLen | uintvar |
| URI | URILen 字段值 |
| ContentType | ≥1 |
| Headers | HeadersLen－（ContentType 的长度） |
| Data | ≥1 |

和 Post 方法具有同样数据包格式的方法还有 Put。

## 3．Reply

Reply 是一般的响应 PDU，用来从服务器返回对一个请求的响应信息。

Reply 字段包括 Status（包含了在试图理解和响应请求时的结果代码，占一字节）、HeadersLen（ContentType 和 Headers 字段的组合长度，占一字节）、Content-Type（数据的内容类型）、Headers（应答报头，可选）、Data（从服务器返回的数据，可选）。

Reply 内容格式如表 3-11 所示。

**表 3-11　Reply 内容格式**

| 内容名称 | 所占字段（字节） |
| --- | --- |
| Status | uint8 |
| HeadersLen | uintvar |
| ContentType | ≥1 |
| Headers | HeadersLen－（ContentType 的长度） |
| Data | ≥1 |

### 4. Connect

初始化会话的创建要发出 Connect PDU。

Connect 字段包括 Version（标识 WSP 版本）、CapabilitiesLen（规定性能字段的长度）、HeadersLen（规定报头字段的长度）、Capabilities（包含发送方请求的已编码性能设置，可选）、Headers（包含客户端发给服务器的报头，整个会话中都使用该报头，可选）。

Connect 内容格式如表 3-12 所示。

表 3-12　Connect 内容格式

| 内容名称 | 所占字段（字节） |
|---|---|
| Version | uint8 |
| CapabilitiesLen | uintvar |
| HeadersLen | uintvar |
| Capabilities | CapabilitiesLen |
| Headers | HeadersLen |

### 5. ConnectReply

发送 ConnectReply PDU 是响应 Connect PDU。

ConnectReply 字段包含 ServerSessionId（服务器会话标识符）、CapabilitiesLen（规定性能字段的长度）、HeadersLen（规定报头字段的长度）、Capabilities（发送方接收的性能设置，可选）、Headers（整个会话中都使用的报头，可选）。

ConnectReply 内容格式如表 3-13 所示。

表 3-13　ConnectReply 内容格式

| 内容名称 | 所占字段（字节） |
|---|---|
| ServerSessionId | uintvar |
| CapabilitiesLen | uintvar |
| HeadersLen | uintvar |
| Capabilities | CapabilitiesLen |
| Headers | HeadersLen |

### 6. Redirect

当建立会话企图被拒绝时，应返回 Redirect PDU 以响应 Connect PDU。在会话创建时,当服务器地址改变或需要负载均衡时,可使用 Redirect PDU 从服务器转移客户。

Redirect 字段包含 Flags(标识了重定向的种类,占一字节)、Redirect Address (包含一个或多个新的服务器地址)。

Redirect 内容格式如表 3-14 所示。

表 3-14　Redirect 内容格式

| 内容名称 | 所占字段(字节) |
|---|---|
| Flags(0x80、0x40) | uint8 |
| Redirect Address | ≥1 |

Flags 字段指出重定向的种类,0x80 表示永久重定向,0x40 表示重用安全会话。如果永久重定向标志位被置位,客户端要保存 Redirect Address,在以后同服务器建立会话时都使用被保存的 Redirect Address。如果重用安全会话标志位被置位,当客户端向重定向后的服务器请求会话连接时,使用当前的安全会话。

Redirect Address 字段的编码格式如下。

- BearerType Included(1 bit):指示包含 BearerType 字段的标志位。
- PortNumber Included(1 bit):指示包含 PortNumber 字段的标志位。
- Address Len(6 bit):Address 字段的长度。
- BearerType(uint8):使用的承载网络类型。
- PortNumber(uint16):使用的端口号。
- Address:使用的承载网络地址。

### 7. Disconnect

发送断开 PDU 以结束会话。其中,ServerSessionId 包含将要断开会话的会话标识符。Disconnect 内容格式如表 3-15 所示。

表 3-15　Disconnect 内容格式

| 内容名称 | 所占字段(字节) |
|---|---|
| ServerSessionId | uintvar |

### 8. Push 和 Confirmed Push

Push 和 Confirmed Push PDU 从服务器向客户端传送未经请求的信息。这两种 PDU 的格式是一样的,只是 PDU 的类型是不同的。

字段包括 HeadersLen(ContentType 和 Headers 字段的组合长度)、Content-Type(数据的内容类型)、Headers(Push 报头,可选)、Data(从服务器 Push 的数据,可选)。其中,Data 字段的长度取决于低层传输提供或报告的 SDU 的大小。

Push 和 Confirmed Push 内容格式如表 3-16 所示。

表 3-16　Push 和 Confirmed Push 内容格式

| 内容名称 | 所占字段(字节) |
| --- | --- |
| HeadersLen | uintvar |
| ContentType | ≥1 |
| Headers | HeadersLen－(ContentType 的长度) |
| Data | ≥1 |

### 9. Suspend 和 Resume

发送 Suspend PDU 用来挂起会话,其中 SessionId 字段指示将要挂起会话的会话标识符。

对于 Resume,当低层传输协议改变时,发送 Resume PDU 用来恢复业已存在的会话。SessionId 字段包含了在会话最初创建时从服务器返回的会话标识符,服务器根据会话标识符寻找相应的会话并进行会话恢复。

Suspend 内容格式如表 3-17 所示。

表 3-17　Suspend 内容格式

| 内容名称 | 所占字段(字节) |
| --- | --- |
| SessionId | uintvar |

Resume 内容格式如表 3-18 所示。

表 3-18　Resume 内容格式

| 内容名称 | 所占字段(字节) |
| --- | --- |
| SessionId | uintvar |
| CapabilitiesLen | uintvar |
| Capabilities(可选) | CapabilitiesLen |
| Headers(可选) | ≥1 |

# 3.3　WDP

　　WDP 运行在多种网络支持的数据承载业务之上。作为通用的数据报服务，WDP 为 WAP 的高层协议提供一致服务，并且保证在承载网络上透明通信。WDP 可以在一个底层 WDP 承载服务之上支持同时发生的多个通信事件，用端口号标识 WDP 之上的高层实体。

　　使用 IP 路由协议的所有无线业务承载网络都采用用户数据报协议（UDP）作为 WDP 的定义，UDP 提供基于地址的端口，IP 提供无连接数据报业务的分片和重组。所以，只要承载业务支持 IP 协议，WDP 的数据报服务就采用 UDP。承载业务类型编码如表 3-19 所示。

表 3-19　承载业务类型编码

| 承载业务 | 分配号码 |
|---|---|
| IPv4 | 0x00 |
| IPv6 | 0x01 |
| GSM USSD | 0x02 |
| GSM SMS | 0x03 |
| IS-136 R-Data | 0x04 |

　　注：USSD（Unstructured Supplementary Service Data）：无结构化补充业务数据。GSM 包含了大量的增值服务，而且是分阶段地引入 GSM 标准，所以，为了支持旧的移动设备和运营商指定的服务，GSM 标准引入无结构化补充业务数据。

# 3.4　WTLS

## 3.4.1　协议简介

　　WAP 协议栈中的安全层协议被称为无线传输层安全（Wireless Transport Layer Security，WTLS）协议。WTLS 层运行在传输协议层之上，它是模块化的，它是否使用取决于给定应用所要求的安全层次。WTLS 为 WAP 的上层提供了一个安全的传送服务接口,这一接口在它下面保留了传送服务接口。另外,WTLS 提供了管理安全连接的一个接口(比如产生和终止安全连接)。

WTLS 的主要目的是在两个进行通信的应用间提供保密性、数据整合以及鉴权。WTLS 提供与 TLS 1.0 类似的功能并且包括了新的特点,诸如数据报支持,优化握手,动态密钥刷新。WTLS 工作在面向连接的和/或数据报传送的协议上。安全层被认为是在传送层上的可选层,它保留了传送服务的接口。应用管理或会话管理实体为安全连接管理(如建立和终止)的需求提供了附加的支持。WTLS 协议的字段格式参考了 TLS 1.0 协议,下面介绍 TLS 1.0 协议字段。

## 3.4.2　TLS 1.0

TLS 协议[附录 A:TLS]的主要任务是在通信双方之间保证通信的私密性和通信数据的完整性。WTLS 协议参考的是 TLS 1.0 协议。

TLS 协议由两层协议组成:记录协议和握手协议。

### 1. 记录协议

记录协议提供连接的安全性基于其以下两点属性。

- 通信是经过加密的。数据由对称密钥加密,而加密所使用的密钥在每次连接的时候由秘密协商的秘密信息唯一产生。另外,记录协议也可以在不加密的情况下使用。

- 通信的内容是可信赖的。在传输过程中,消息通过由协商好的密钥所生成的 MAC 值来保证数据的完整性,这样可以防止消息在通信的过程中被攻击者篡改。

在 TLS 协议中,所有的传输数据都被封装在记录中。TLS 记录协议包括记录头和记录数据。

(1) TLS 记录头

记录头信息的工作就是为接收提供对记录进行解释所必需的信息,包括 3 种信息:内容类型(ContentType)、TLS 版本(Version)和长度(Length)。其中,内容类型字段标识记录数据的类型。内容类型字段的主要作用是将管理信息和传送给高层应用的数据区分开。TLS 支持 4 种内容类型:application data、alert、hand-shake 和 change cipher spec。应用层数据传输时,使用 application data 类型;其他 3 种内容类型用于对通信进行管理,例如完成握手和报告错误等。

ContentType 的取值和含义的对应关系如下。

- 20(十进制)—— change cipher spec。
- 21(十进制)—— alert。
- 22(十进制)—— handshake。
- 23 或 255(十进制)—— application。

(2) TLS 记录数据

TLS 记录协议是通过将数据流分割成一系列的片段并加以传输来工作的,其中对每个片段单独进行保护和传输。在接收方,对每条记录单独进行解密和验证。这种方案使得数据一经准备好就可以从连接的一端传送到另一端,并在接收到后即刻加以处理。

在传输片段之前,必须防止其遭到攻击。可以通过计算数据的 MAC 来提供完整性保护。MAC 与片段一起进行传输,并由接收实现加以验证。将 MAC 附加到片段的尾部,并对数据与 MAC 整合在一起的内容进行加密,以形成经过加密的负载(Payload)。最后给负载装上头信息。头信息与经过加密的负载的联结称作记录(Record),记录就是实际传输的内容。

**2. 握手协议**

握手协议用于服务器和客户端的相互认证,以及在加密通道建立之前协商加密算法以及加密密钥。握手协议提供连接的安全性基于其以下 3 点基本属性。

- 使用不对称密钥(公钥系统)进行端的认证。认证是可选的,但是一般情况下至少进行一次端的认证。
- 共享秘密信息的协商是安全的。窃听者无法获得协商好的秘密信息,甚至当一个攻击者可以在连接的中间窃听通信时,他也无法获得一个已经建立连接的相关秘密信息。
- 协商的过程是可信赖的。没有攻击者能在入侵被通信方发现的情况下更改协商过程中的消息。

TLS 握手协议包含几个子协议:alert 协议、change cipher spec 协议、hand-shake 协议。其中,alert 协议用来警示连接中的错误信息;change cipher spec 协议用来表明未来发送的消息将使用新磋商好的算法和密钥来保护;handshake 协议介绍如下。

handshake 协议中的每种握手信息都由一个简单的头信息以及依赖于消息类型的消息体组成。头信息为 4 字节长,由 1 字节的类型字段和 3 字节的长度字段组成。长度字段表示剩余握手消息的长度(不包括类型与长度字段)。类型字段的取值与含义对应关系参见附录 G。

### 3. WTLS 和 TLS 记录头之间的区别

第一字节是 Record Type,类型和 TLS 记录头的 Content Type 相同,也分为 4 种。但是,每种类型的编码格式不同。Record Type 的取值和含义对应关系如下。

- c1(十六进制)—— change cipher spec。
- c2(十六进制)—— alert。
- c3(十六进制)—— handshake。
- c4(十六进制)—— application。

**注意**:上述编码只有 handshake 协议可以确定是 c3(捕获到 handshake 的数据包),其他编码都是通过 TLS 类型编码的顺序猜测的。

第二、三字节是 Record Sequence,记录编号;第四、五字节是 Record Length,记录数据的长度。

WTLS 协议头数据包格式如图 3-12 所示。

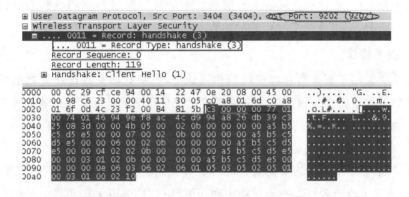

图 3-12   WTLS 协议头数据包格式

## 3.4.3  协议交互过程

### 1. 安全会话建立流程(服务原语表示)

安全会话建立流程就要使用的协议选项达成一致,客户端或服务器端都可以根据需要中断这一协商过程(例如,如果对等端提供的参数本端不能接收)。协商的内容包括安全参数(如加密算法、密匙长度)、密匙交换及授权方式。WTLS 安全会话(完全握手)建立流程如图 3-13 所示。

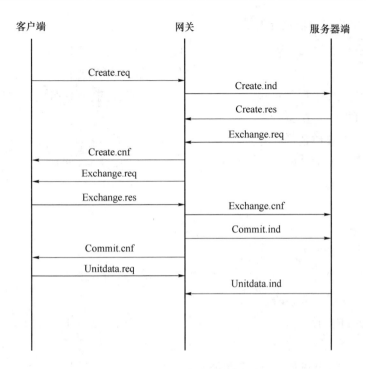

图 3-13　WTLS 安全会话(完全握手)建立流程

**2. 握手协议协商内容**

握手消息负责安全会话的协商,协商内容如下。

Session Identifier:服务器选择的随机字节序列,用于识别激活或者重起的安全会话。

Protocol Version:WTLS 协议版本号。

Peer Certificate:对等实体确认。

Compression Method:加密前采用的压缩数据算法。

Cipher Spec:定义批量数据加密算法(例如不加密、RC5、EDS 等)和 MAC 算法(例如 SHA-1),也用于定义加密属性(例如 mac-size 等)。

Master Secret:客户端与服务器共享的 20 字节私有数据。

Sequence Number Mode:安全连接中采用的序列编号方法。

Key Refresh:定义以多快频率执行连接状态值(密钥、MAC 私有数据以及 IV)的计算。

Is Resumable:标志位,指示安全会话是否可以用来初始化新的安全连接。

**3. 完整的握手协议交互流程**

安全对话的加密参数由 WTLS 握手协议产生。当 WTLS 客户端和服务器建立连接后,双方就协议版本达成一致,选择加密算法,互相鉴权,并且使用公共密钥加密技术产生双方共享的密码。握手协议交互过程传输的是明文,通过其中的消息字段可以识别交互的内容,判断加密算法和各种参数。

WTLS 握手协议的交互过程如下。

① 交换问候信息(Hello)并协商采用的算法,同时交换随机数。

② 交换加密参数供客户端和服务器使用,协商预主密钥。

③ 交换鉴权证书和加密信息,供客户端和服务器互相鉴权使用。

④ 由预主密钥生成主密钥,交换随机数。

⑤ 向记录层提供安全参数。

⑥ 允许客户端和服务器检查对方是否以相同的加密参数进行计算,以及确认握手时没有受到攻击者的干扰。

图 3-14 中,Hello 交互过程协商协议版本、密钥交互组件、密码组件、压缩方法、密钥更新和序列号模式。问候信息发送后,客户端如果要对服务器进行鉴权,服务器就会发送鉴权证书,而且在需要时还发送服务器密钥交换信息(例如,服务器没有鉴权证书或其鉴权证书仅用来签名)。如果所选择的密钥交互组件合适,服务器可以要求客户端发送鉴权证书(或从其他鉴权分发设备获得鉴权证书),然后服务器发送服务端问候结束信息(hello done),表示握手过程中的问候信息阶段已经结束(以前的握手信息与低层信息相结合),并开始等待客户端响应。如果服务器端发送了鉴权请求信息,客户端则必须发送相应的鉴权证书信息。此时,如果客户端鉴权证书没有包含足够的密钥交换信息或证书根本没被发送,就必须发送客户端密钥交换信息,内容根据客户端和服务器问候时所选择的公共密钥加密算法而定。如果采用有签名能力的鉴权证书对客户端进行鉴权(如 RSA),则发送一个数字签名鉴权校验信息用于校验。这时客户端发送一个改变密码规范信息,并将待处理的密码规范(CipherSpec)信息改变为新密码规范信息。客户端随即按新算法、密钥和密码发送结束信息,并将密码规范标志位置 1。服务器接收到改变密码规范信息后,也将待处理的密码规范信息改为新密码规范信息,并相应地按新密码规范发送已结束信息。此时,握手过程结束,客户端和服务器可以开始交换应用层数据信息。

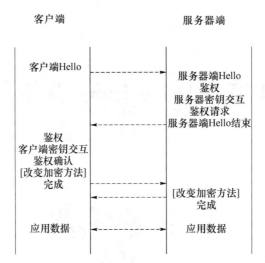

图 3-14　完整的握手协议交互流程

# 第 4 章 Wireshark 分析工具

## 4.1 简　介

　　Wireshark(前称为 Ethereal)是一个网络封包分析软件。网络封包分析软件的功能是撷取网络封包,并尽可能地显示出最为详细的网络封包资料。Wireshark使用 WinPCAP 作为接口,直接与网卡进行数据报文交换。

　　在过去,网络封包分析软件是非常昂贵的,或是专门属于赢利性软件。Ethereal 的出现改变了这一切。在 GNUGPL 通用许可证的保障范围下,使用者可以免费取得软件与其源代码,并拥有针对其源代码修改及客制化的权利。Ethereal 是全世界使用最广泛的网络封包分析软件之一。

## 4.2 应　用

　　以下是一些使用 Wireshark 的例子。

　　网络管理员使用 Wireshark 来检测网络问题,网络安全工程师使用 Wireshark来检查资讯安全相关问题,开发者使用 Wireshark 来为新的通信协议除错,普通使用者使用 Wireshark 来学习网络协议的相关知识。

　　Wireshark 不是 IDS(Intrusion Detection System,入侵侦测系统)。对于网络上的异常流量行为,Wireshark 不会产生警示或是其他任何提示。然而,仔细分析Wireshark 撷取的封包能够帮助使用者对于网络行为有更清楚的了解。Wireshark不会对网络封包产生内容的修改,它只会反映出流通的封包资讯。Wireshark 本身也不会送出封包至网络上。

# 4.3 发 展 简 史

1997 年年底，Gerald Combs 需要一个能够追踪网络流量的工具软件作为其工作上的辅助。因此他开始撰写 Ethereal 软件。

Ethereal 在经过几次中断开发的事件过后，终于在 1998 年 7 月释出了其第一个版本 v0.2.0。自此之后，Combs 收到了来自全世界的修补程序、错误回报与鼓励信件。Ethereal 的发展就此开始。

不久之后，Gilbert Ramirez 看到了这套软件的开发潜力并开始参与低阶程序的开发。1998 年 10 月，来自 Network Appliance 公司的 Guy Harris 在寻找一套比 tcpview(另外一套网络封包撷取程序)更好的软件，于是他也开始参与 Ethereal 的开发工作。

1998 年年底，一位在教授 TCP/IP 课程的讲师 Richard Sharpe 看到了这套软件的发展潜力，而后开始参与开发与加入新协议的功能。在当时，新的通信协议的制定并不复杂，因此他在 Ethereal 上新增的封包撷取功能，几乎包含了当时所有通信协议。

自此之后，数以千计的人开始参与 Ethereal 的开发，多半是因为希望能让Ethereal撷取特定的、尚未包含在 Ethereal 默认的网络协议中的封包而参与新的开发。2006 年 6 月，因为商标的问题，Ethereal 更名为 Wireshark。

经过十多年的发展，2008 年，Wireshark 终于发布了 1.0 版。此版本是第一个被认为完整的版本，仅实现了最少的功能。它的发布恰逢第一次召开的称为 Shar-kfest 的 Wireshark 开发人员和用户大会。

2015 年，Wireshark 2.0 发布，它具有新的用户界面。

# 4.4 工 作 流 程

① 确定 Wireshark 的位置。如果没有一个正确的位置，启动 Wireshark 后会花费很长的时间捕获一些与自己无关的数据。

② 选择捕获接口。一般都是选择连接到 Internet 的接口，这样才可以捕获到与网络相关的数据。否则，捕获到的其他数据对自己没有任何帮助。

③ 使用捕获过滤器。通过设置捕获过滤器,可以避免产生过大的捕获文件。这样用户在分析数据时,不会受其他数据的干扰,而且还可以为用户节约大量的时间。

④ 使用显示过滤器。通常使用捕获过滤器过滤后的数据往往还是很复杂。为了使过滤的数据包更细致,此时使用显示过滤器进行过滤。

⑤ 使用着色规则。通常使用显示过滤器过滤后的数据都是有用的数据包。如果想更加突出地显示某个会话,可以使用着色规则高亮显示。

⑥ 构建图表。如果用户想要更明显地看出一个网络中数据的变化情况,使用图表的形式可以很方便地展现数据分布情况。

⑦ 重组数据。Wireshark 的重组功能可以重组一个会话中不同数据包的信息,或者是重组一个完整的图片或文件。由于传输的文件往往较大,所以信息分布在多个数据包中。为了能够查看到整个图片或文件,这时候就需要使用重组数据的方法来实现。

# 4.5  安 装 步 骤

① 首先,在官网中选择最新版本 3.2.0 安装,选择 Windows 环境下的 64-bit 并单击下载,如图 4-1 所示(官网链接:https://www.wireshark.org/download.html)。

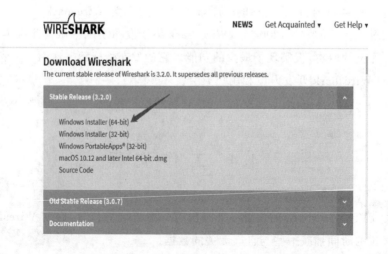

图 4-1  Wireshark 官网下载

② 下载完毕后,进行解压,双击安装执行文件,弹出安装窗口,单击【Next】,如图 4-2 所示。

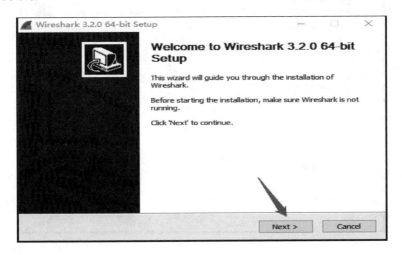

图 4-2　安装窗口

③ 在"是否同意安装"界面,单击【I Agree】,表示同意安装,如图 4-3 所示。

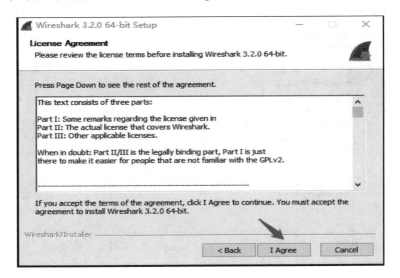

图 4-3　同意安装

④ 默认勾选即可,单击【Next】,如图 4-4 所示。

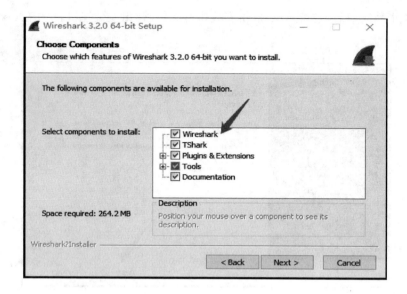

图 4-4　默认勾选

⑤ 默认勾选即可,单击【Next】,如图 4-5 所示。

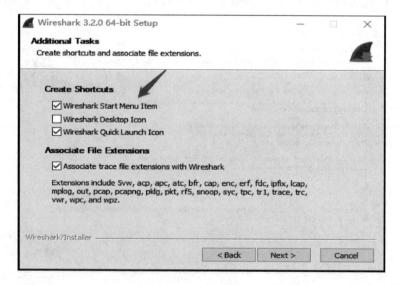

图 4-5　继续安装

⑥ 安装目录可以修改,也可以默认,单击【Next】,如图 4-6 所示。

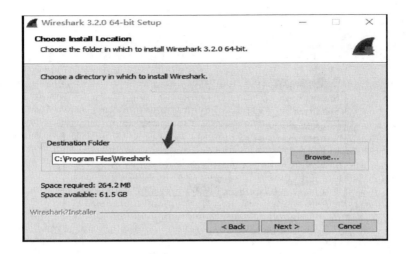

图 4-6　安装目录

⑦ 默认勾选按钮，继续单击【Install】，这里需要等几分钟才能安装完，耐心等待，如图 4-7 所示。

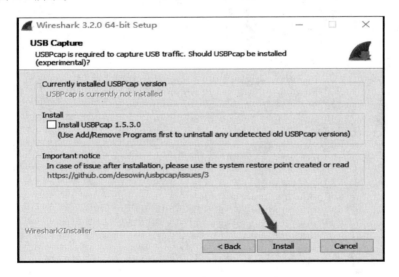

图 4-7　单击安装

⑧ 安装完之后打开 Wireshark 软件，能够看到 3 个区域。最上方是工具栏区域，可以进行开始捕获、停止捕获等操作。中间是 Capture Filter 区域，能够在开始捕获前指定过滤规则。下方是可以捕获的网络设备，双击其中一个设备后就开始进行网络流量的捕获。客户端界面如图 4-8 所示。

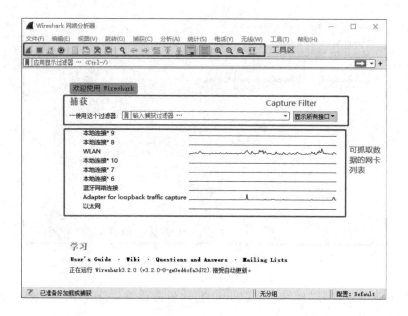

图 4-8　客户端界面

# 第 5 章　WAP 1.X 交互流程

## 5.1　面向连接的交互过程

**1. 所用 WAP**

面向连接的交互过程所用 WAP 为 WTP 和 WSP。

**2. 交互过程的具体步骤**

① 客户端和 WAP 网关之间 WSP 连接请求应答。

② 客户端发起 WSP 获取数据请求,WAP 网关应答。

③ WAP 网关和服务器端之间建立 TCP 连接。

④ WAP 网关以 HTTP 转发 WSP 获取数据请求。

⑤ 服务器端回应并且传输数据。

⑥ WAP 网关向客户端传回请求的数据,客户端应答。

⑦ 服务器端和 WAP 网关之间拆除 TCP 连接。

**3. 交互流程图**

图 5-1 中的虚线部分注释:在关闭浏览页面时,客户端发出 WSP Disconnect 请求;在停止页面加载时,客户端发出 WTP Abort 数据包,退出一个事务,这时客户端发出 Abort 数据包;此外,服务器端也可以发出 Abort 数据包。所以,图 5-1 中 WTP Abort 用双向箭头表示。

**4. 交互过程捕获的数据包**

① 客户端发起连接请求:WSP Connect 数据包。其中,PDU Type 指出此阶段需要的 WSP PDU 类型为 Connect,编码为 0x01;Capabilities 字段是客户端能够并且希望在会话期间使用的性能(如协议特征、数据单元大小等)。WSP Connect

数据包内容如图 5-2 所示。

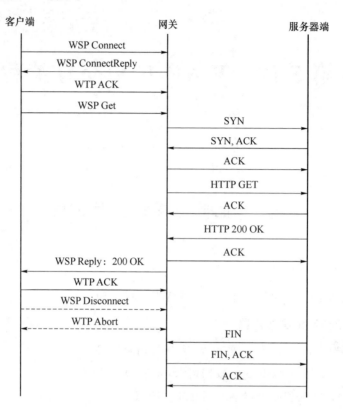

图 5-1　WAP 1.X 面向连接交互流程图

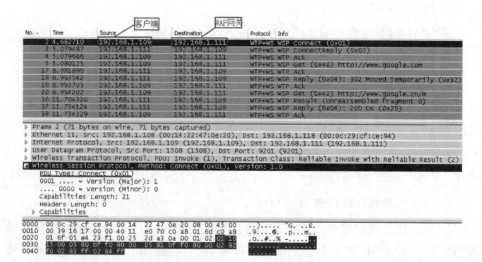

图 5-2　WSP Connect 数据包内容

② 服务器端响应连接请求：WSP ConnectReply 数据包。其中，PDU Type 指出此阶段需要的 WSP PDU 类型为 ConnectReply，编码为 0x02；Capabilities 字段是服务器端在会话期间能够提供的性能（如协议特征、数据单元大小等）。WSP ConnectReply 数据包内容如图 5-3 所示。

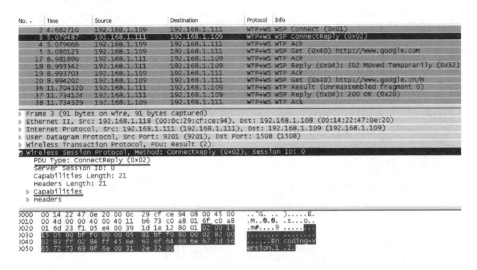

图 5-3　WSP ConnectReply 数据包内容

③ 客户端请求数据：WSP Get 数据包。其中，PDU Type 指出此阶段需要的 WSP PDU 类型为 Get，编码为 0x40；URI 字段表示客户端请求数据的位置。WSP Get 数据包内容如图 5-4 所示。

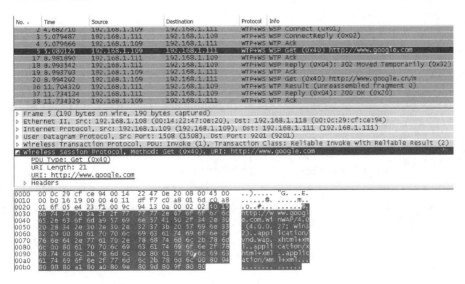

图 5-4　WSP Get 数据包内容

④ 服务器端响应并发送数据：WSP Reply 数据包。其中，PDU Type 指出此阶段需要的 WSP PDU 类型为 Reply，编码为 0x04；Status 表示响应状态（成功/失败/重定向）；Content-Type 表示请求业务类型。WSP Reply 数据包内容如图 5-5 所示。

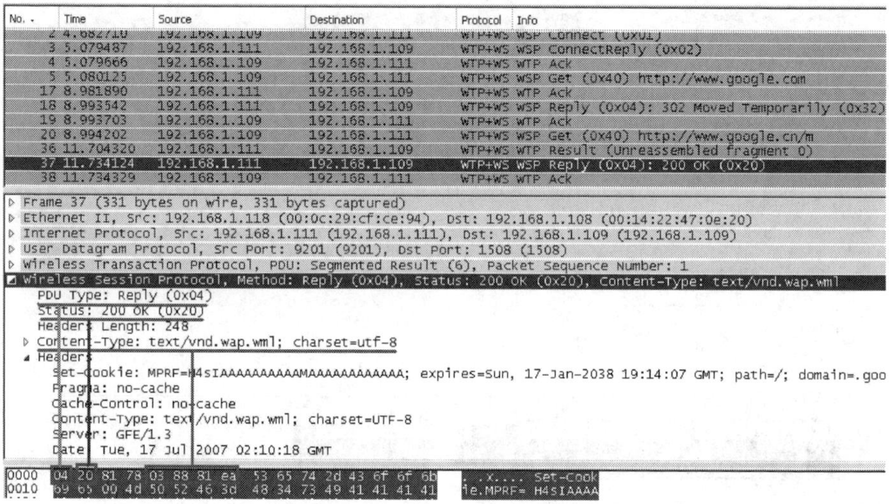

图 5-5　WSP Reply 数据包内容

⑤ WTP Abort 数据包。其中，PDU Type 指出此阶段需要的 WTP PDU 类型为 Abort；Abort Type 表示 Abort 发起者；Abort Reason 表示 Abort 原因。WTP Abort 数据包内容如图 5-6 所示。

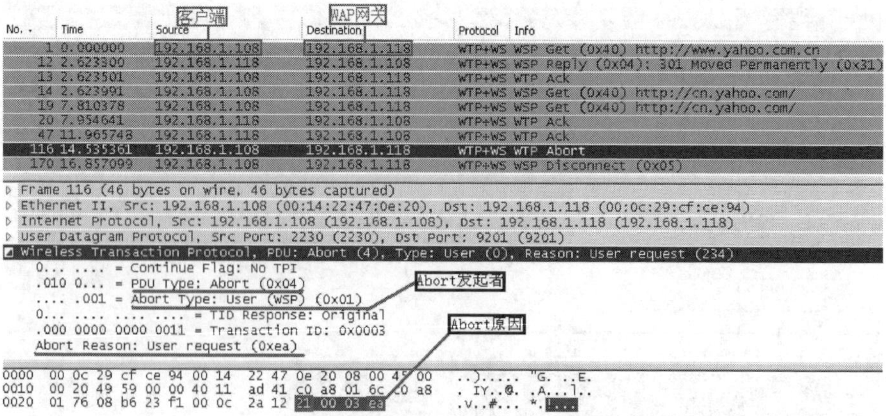

图 5-6　WTP Abort 数据包内容

⑥ 客户端拆除连接：WSP Disconnect 数据包。其中，PDU Type 指出此阶段需要的 WTP PDU 类型为 Disconnect；Server Session ID 指出将要断开会话的服务器会话标识符，该 ID 与建链时服务器响应 ConnectReply 数据包中的 Server Session ID 相同。WSP Disconnect 数据包内容如图 5-7 所示。

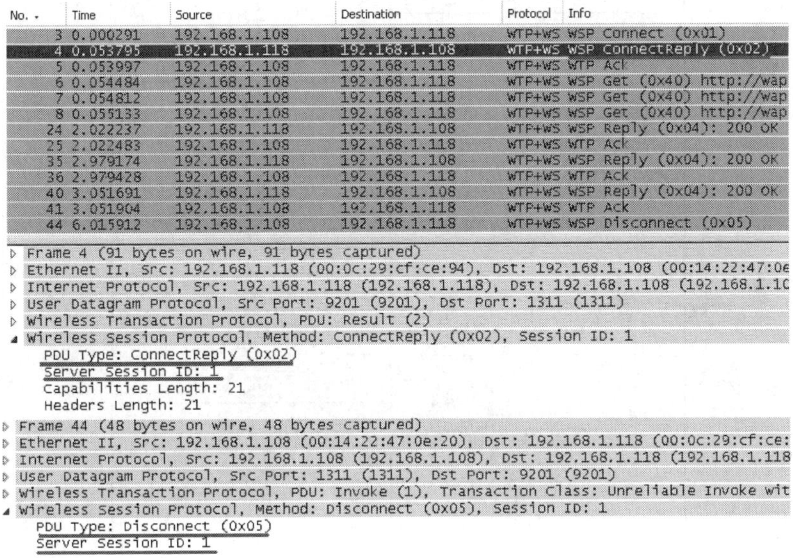

| No. | Time | Source | Destination | Protocol | Info |
|---|---|---|---|---|---|
| 3 | 0.000291 | 192.168.1.108 | 192.168.1.118 | WTP+WS | WSP Connect (0x01) |
| 4 | 0.053795 | 192.168.1.118 | 192.168.1.108 | WTP+WS | WSP ConnectReply (0x02) |
| 5 | 0.053997 | 192.168.1.108 | 192.168.1.118 | WTP+WS | WTP Ack |
| 6 | 0.054484 | 192.168.1.108 | 192.168.1.118 | WTP+WS | WSP Get (0x40) http://wap |
| 7 | 0.054812 | 192.168.1.108 | 192.168.1.118 | WTP+WS | WSP Get (0x40) http://wap |
| 8 | 0.055133 | 192.168.1.108 | 192.168.1.118 | WTP+WS | WSP Get (0x40) http://wap |
| 24 | 2.022237 | 192.168.1.118 | 192.168.1.108 | WTP+WS | WSP Reply (0x04): 200 OK |
| 25 | 2.022483 | 192.168.1.108 | 192.168.1.118 | WTP+WS | WTP Ack |
| 35 | 2.979174 | 192.168.1.118 | 192.168.1.108 | WTP+WS | WSP Reply (0x04): 200 OK |
| 36 | 2.979428 | 192.168.1.108 | 192.168.1.118 | WTP+WS | WTP Ack |
| 40 | 3.051691 | 192.168.1.118 | 192.168.1.108 | WTP+WS | WSP Reply (0x04): 200 OK |
| 41 | 3.051904 | 192.168.1.108 | 192.168.1.118 | WTP+WS | WTP Ack |
| 44 | 6.015912 | 192.168.1.108 | 192.168.1.118 | WTP+WS | WSP Disconnect (0x05) |

```
▷ Frame 4 (91 bytes on wire, 91 bytes captured)
▷ Ethernet II, Src: 192.168.1.118 (00:0c:29:cf:ce:94), Dst: 192.168.1.108 (00:14:22:47:0e
▷ Internet Protocol, Src: 192.168.1.118 (192.168.1.118), Dst: 192.168.1.108 (192.168.1.10
▷ User Datagram Protocol, Src Port: 9201 (9201), Dst Port: 1311 (1311)
▷ Wireless Transaction Protocol, PDU: Result (2)
▲ Wireless Session Protocol, Method: ConnectReply (0x02), Session ID: 1
    PDU Type: ConnectReply (0x02)
    Server Session ID: 1
    Capabilities Length: 21
    Headers Length: 21
▷ Frame 44 (48 bytes on wire, 48 bytes captured)
▷ Ethernet II, Src: 192.168.1.108 (00:14:22:47:0e:20), Dst: 192.168.1.118 (00:0c:29:cf:ce:
▷ Internet Protocol, Src: 192.168.1.108 (192.168.1.108), Dst: 192.168.1.118 (192.168.1.118
▷ User Datagram Protocol, Src Port: 1311 (1311), Dst Port: 9201 (9201)
▷ Wireless Transaction Protocol, PDU: Invoke (1), Transaction Class: Unreliable Invoke wit
▲ Wireless Session Protocol, Method: Disconnect (0x05), Session ID: 1
    PDU Type: Disconnect (0x05)
    Server Session ID: 1
```

图 5-7　WSP Disconnect 数据包内容

## 5.2　无连接的交互过程

**1. 所用 WAP**

无连接的交互过程所用 WAP 为 WSP。

**2. 交互过程具体步骤**

① 客户端向 WAP 网关发起 WSP 获取数据请求。

② WAP 网关和服务器端之间建立 TCP 连接。

③ WAP 网关以 HTTP 转发 WSP 获取数据请求。

④ 服务器端回应并且传输数据。

⑤ WAP 网关向客户端传回请求的数据。

⑥ 服务器端和 WAP 网关之间拆除 TCP 连接。

### 3. 交互流程图

WAP 1.X 无连接交互流程如图 5-8 所示。

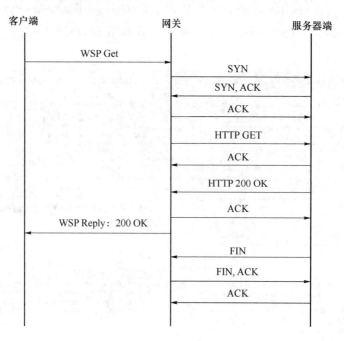

图 5-8  WAP 1.X 无连接交互流程图

### 4. 交互过程捕获的数据包

WAP 1.X 无连接交互过程数据包内容如图 5-9 所示。

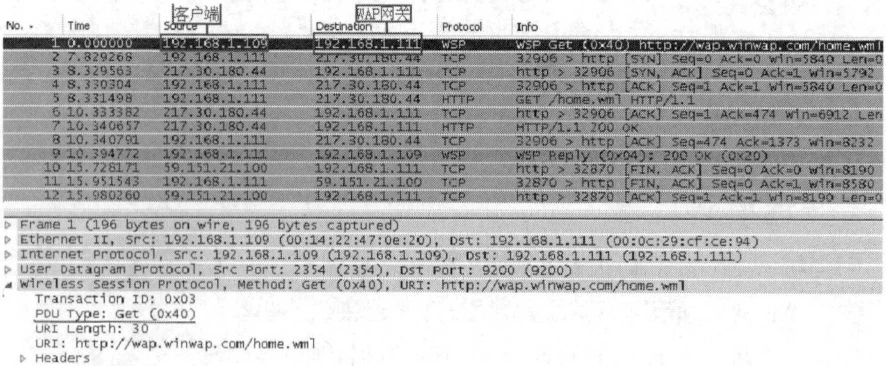

图 5-9  WAP 1.X 无连接交互过程数据包内容

# 5.3　安全面向连接过程

**1. 安全面向连接过程的步骤**

安全协商过程参见 3.4.2 节,安全面向连接过程如下。

① 客户端和 WAP 网关建立安全会话的握手协议过程(WTLS)。

② 客户端和 WAP 网关建立连接以及客户端发起 Get 请求过程。

③ WAP 网关和服务器端 TCP 建链。

④ WAP 网关和服务器端之间建立安全会话的握手协议过程(SSL、TLS)。

⑤ WAP 网关和服务器之间数据交互。

⑥ WAP 网关和客户端之间数据交互。

⑦ WAP 网关和服务器端 TCP 拆链。

**2. 流程图**

安全面向连接交互流程如图 5-10 所示。

# 5.4　安全无连接过程

**1. 安全无连接过程的步骤**

安全协商过程参见 3.4.2 节,安全无连接过程如下。

① 客户端和 WAP 网关建立安全会话的握手协议过程(WTLS)。

② 客户端发起 Get 请求过程。

③ WAP 网关和服务器端 TCP 建链。

④ WAP 网关和服务器端之间建立安全会话的握手协议过程(SSL、TLS)。

⑤ WAP 网关和服务器端之间数据交互。

⑥ WAP 网关和客户端之间数据交互。

⑦ WAP 网关和服务器端 TCP 拆链。

**2. 流程图**

安全无连接交互流程如图 5-11 所示。

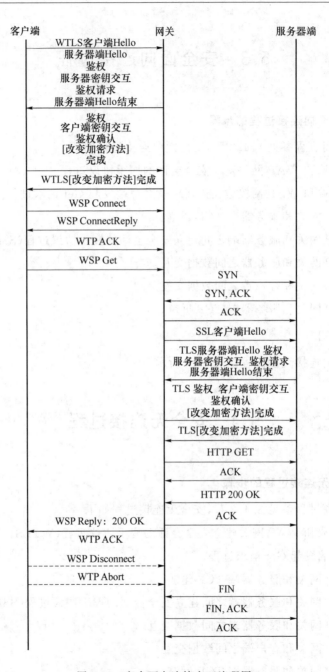

图 5-10  安全面向连接交互流程图

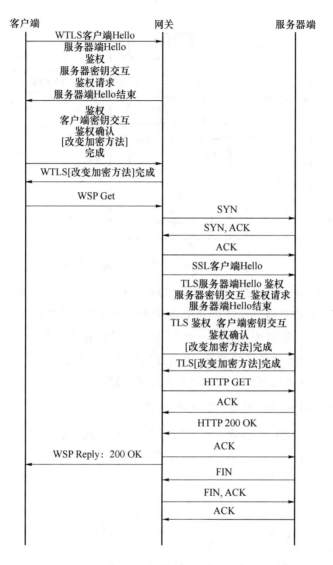

客户端　　　　　　　　　　网关　　　　　　　服务器端

WTLS客户端Hello
服务器端Hello
鉴权
服务器密钥交互
鉴权请求
服务器端Hello结束

鉴权
客户端密钥交互
鉴权确认
[改变加密方法]
完成

WTLS[改变加密方法]完成

WSP Get

SYN
SYN, ACK
ACK
SSL客户端Hello
TLS服务器端Hello 鉴权
服务器密钥交互 鉴权请求
服务器端Hello结束
TLS 鉴权 客户端密钥交互
鉴权确认
[改变加密方法]完成
TLS[改变加密方法]完成
HTTP GET
ACK
HTTP 200 OK
ACK

WSP Reply：200 OK

FIN
FIN, ACK
ACK

图 5-11　安全无连接交互流程图

# 5.5　串联交互过程

服务数据单元(SDU)指上层协议传来的内容用于本层服务传输的数据。SDU 和 PDU 之间的关系如图 5-12 所示。

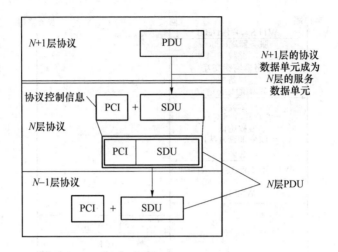

图 5-12　PDU 和 SDU 之间的关系

　　串联(Concatenation)是一个过程,该过程只存在于面向连接的情况下,用来在一个承载网的服务数据单元(SDU)中传送多个 WTP 协议数据单元(PDU);在非串联模式下,一个 SDU 中只包含一个 PDU。串联仅能够对有相同地址信息(源端口和目的端口、源地址和目的地址)的消息使用。串联能提高传输的有效性,减少空中的流量,充分地利用了无线环境下的有限带宽。

**1. WTP Concatenated(有/无)PDU 格式**

　　图 5-13 表示 SDU 中包含一个 WTP PDU 数据报,这个 PDU 包括报头和 $N$ 个八位组的数据。

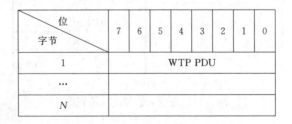

图 5-13　无串联的 WTP PDU

　　图 5-14 表示两个 WTP PDU 串联在承载网的同一个 SDU 中,第一个 PDU 有 $N$ 个八位组,第二个 PDU 有 $M$ 个八位组。如果标识 WTP PDU 长度字节的第一位是 0,则长度字段用 7 位表示;如果标识 WTP PDU 长度字节的第一位是 1,则长度字段用 15 位表示。

| 位<br>字节 | 7 | 6 | 5 | 4 | 3 | 2 | 1 | 0 |
|---|---|---|---|---|---|---|---|---|
| 1 | 串联指示器＝0x00 |||||||| 
| 2 | 0 | WTP PDU 长度＝N ||||||| 
| 3 | WTP PDU |||||||| 
| ... | |||||||| 
| N+2 | |||||||| 
| N+3 | 1 | WTP PDU 长度 ||||||| 
| N+4 | WTP PDU 长度(续)＝M |||||||| 
| N+5 | WTP PDU |||||||| 
| ... | |||||||| 
| N+M+4 | |||||||| 

图 5-14　串联的 WTP PDU

### 2. WTP Concatenation 数据包

WTP Concatenation 数据包内容如图 5-15 所示。

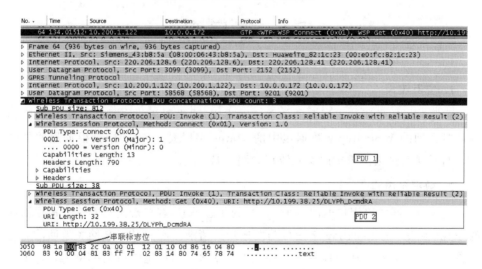

图 5-15　WTP Concatenation 数据包内容

### 3. 交互流程

在 Concatenation 模式下,一个数据包中包含多个请求,即在还没有收到第一个请求的回应之前就发送第二个请求。应答时,根据 TID 顺序响应。Concatenation 交互流程如图 5-16 所示。

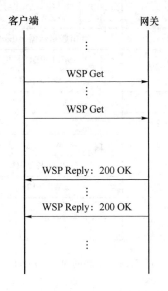

图 5-16  Concatenation 交互流程

# 5.6  重 定 向

**1. 交互流程**

重定向指的是所请求资源的位置已经改变,需要到新的位置(URI)去获取,当浏览器收到的 WSP Reply 数据包中的 Status 字段是 3××时,会根据返回的新 URI 自动跳转过去。重定向交互流程如图 5-17 所示。

**2. 数据包内容**

当 WAP 网关给用户返回一个 3××的状态码时,客户端浏览器可以根据返回的 WSP 报头中的 Location 字段自动发送新的请求。例如,WAP 网关返回的应答状态(Status)为 302(协议应答状态列表参见附录 C),重定向后的 URL 放在 WSP 报头的 Location 字段,如图 5-18 所示。

图 5-17　重定向交互流程

| No. | Time | Source | Destination | Protocol | Info |
|---|---|---|---|---|---|
| 2 | 4.682710 | 192.168.1.109 | 192.168.1.111 | WTP+WSP | WSP Connect (0x01) |
| 3 | 5.079487 | 192.168.1.111 | 192.168.1.109 | WTP+WSP | WSP ConnectReply (0x02) |
| 5 | 5.080125 | 192.168.1.109 | 192.168.1.111 | WTP+WSP | WSP Get (0x40) http://www.google.com |
| 18 | 8.993542 | 192.168.1.111 | 192.168.1.109 | WTP+WSP | WSP Reply (0x04): 302 Moved Temporarily (0x32) |
| 20 | 8.994202 | 192.168.1.109 | 192.168.1.111 | WTP+WSP | WSP Get (0x40) http://www.google.cn/m |
| 37 | 11.734124 | 192.168.1.111 | 192.168.1.109 | WTP+WSP | WSP Reply (0x04): 200 OK (0x20) |

▷ User Datagram Protocol, Src Port: 9201 (9201), Dst Port: 1508 (1508)
▷ Wireless Transaction Protocol, PDU: Result (2)
▲ Wireless Session Protocol, Method: Reply (0x04), Status: 302 Moved Temporarily (0x32), Content-Type: text/plain
　　PDU Type: Reply (0x04)
　　Status: 302 Moved Temporarily (0x32)
　　Headers Length: 301
　　Content-Type: text/plain
　▲ Headers
　　　Location: http://www.google.cn/m
　　　Cache-Control: private
　　　Set-Cookie: PREF=ID=962b1c12c183c06e:NW=1:TM=1184638216:LM=1184638216:S=dPzJjEVvMeTuBTuA; expires=Sun, 17-Ja...
　　　Server: GWS/2.1
　　　Date: Tue, 17 Jul 2007 02:10:16 GMT
　　　Content-Length: 0
　　　Content-Type: text/plain

图 5-18　重定向标识数据包

# 第6章　WAP Push

WWW 采用传统的"拉(Pull)"操作,即客户端发送请求,服务器响应请求。与之对应的是"推(Push)"操作,同样是基于客户端/服务器通信模型,但是服务器向客户端传送内容之前,客户端没有发出请求。"推""拉"技术比较如图 6-1 所示。

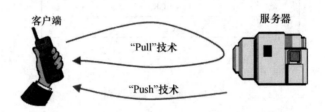

图 6-1　"推""拉"技术比较图

## 6.1　Push 结构

① 直连 Push:采用协议包括 Push Access Protocol(PAP)或者 Push Over-the-Air(OTA) Protocol,直连 Push 如图 6-2 所示。

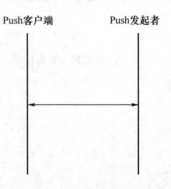

图 6-2　直连 Push

② PPG(Push Proxy Gateway,基于 Push 代理网关):采用协议包括 Push Access Protocol(PAP)和 Push Over-the-Air(OTA) Protocol。基于 Push 代理网关的 Push 通信模型如图 6-3 所示。

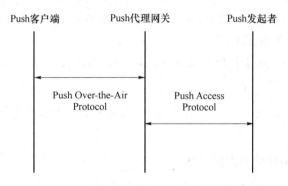

图 6-3　基于 Push 代理网关的 Push 通信模型

# 6.2　Push 代理网关的功能

① 对 Push 发起者进行标识、鉴权和访问控制。
② 对 Push 内容进行语法分析,并根据数据类型定义(DTD)检错纠错。
③ 客户寻址与信息传输。
④ PAP 与 OTA 之间的协议转换。
⑤ 为提高无线通道中的传输效率,对信息进行压缩和编译等处理。

# 6.3　Push 消息

## 1. 消息格式

Push 消息格式如图 6-4 所示。

| 消息头 |
| --- |
| 空行 |
| 信息体(Message-body) |

图 6-4　Push 消息格式

**2. 消息头**

① 通用报头。参见附录 B。

② WAP 报头。WAP 报头包括 X-Wap-Application-Id（应用 ID）、X-Wap-Content-URI（与 HTTP Request-URI 功能类似）、X-Wap-Initiator-URI（指出 WAP Push 发起者的 URI）。

③ 报头扩展。报头扩展包括 WAP 头扩展、用户头扩展、非标准网络消息头。

**3. 消息体**

消息体可以是任何一种 MIME 的内容类型，包括多部分 MIME 的内容类型等。

**4. Push 和 Get 数据流的关联**

关联方法：查看 Get 数据包中的 URI 字段是否与 Push 数据包中 Headers 部分的 X-Wap-Application-Id 字段内容相同。如果相同，两条流相关；否则无关。

# 6.4  Push 服务方式

WAP 的推送协议中定义了 SI（Service Indication，服务指示）和 SL（Service Load，服务加载）两项服务，以给用户和网络运营者更多的选择。服务指示是将新信息的指示和相关的通用资源标识符（URI）推送给用户，由用户选择是立即处理信息还是以后处理。服务加载是将一项服务的 URI 推送给用户，然后客户端自动地使用 Pull 技术根据该 URI 启动服务。两种服务的区别在于用户是否介入推送信息的处理过程。服务加载对推送信息的处理对用户来说是透明的，而服务指示则在指示用户的同时，请用户对随后的处理做出选择。

# 6.5  Push 子协议

## 6.5.1  PAP

**1. PAP 概述**

PAP（Push Access Protocol）［附录 A：Push PAP］用于 Push 发起者和 PPG

[附录 A:Push PPG]之间的通信,该协议的设计是独立于下层传输协议的。Push 发起者发起的操作包括:①发起 Push;②取消 Push;③查询 Push 状态;④查询无线设备能力。PPG 发起的操作包括反馈结果。

**2. PAP 消息格式**

所有信息都在一个消息体中传输。如果消息体中含有多个消息实体,第一个实体中包含所有与 Push 相关的控制信息,第二个实体中包含与无线设备相关的信息,第三个实体(如果存在)中包含 UAPROF 客户端能力信息。内容实体的格式参考[附录 A:PushMsg]。

**3. PAP 状态列表**

PAP 状态分为 5 类(状态列表参见附录 D),PAP 状态表示 Push 代理网关和 Push 发起者之间通信的应答状态。

- 1×××:成功,操作被成功收到、理解并且接受。
- 2×××:客户端错误,请求包含错误语法或者不能实现。
- 3×××:服务器端错误,服务器无法完成合法请求。
- 4×××:服务失败,无法执行服务。
- 5×××:移动设备放弃,移动设备放弃操作。

## 6.5.2　Push OTA 协议

Push OTA 协议规范参见[附录 A:Push OTA]。

**1. OTA-WSP**

(1) 基于报头的 PDU

报头的定义遵守 HTTP 和 ABNF[RFC 2234]定义的规则,基于报头的 PDU 包括 Accept-Application、Bearer-Indication、Push Flag。

(2) 基于内容的 PDU

SIA(Session Initiation Application)处理服务器发起的会话请求,保证为客户端的请求应用建立起 Push 会话。

**2. OTA-HTTP**

OTA-HTTP 的主要特点如下。

(1) IP 连通性

通信双方网络层连通可达。

（2）TCP 连接

TCP 连接包括终端发起的 TCP 建链过程、PPG 发起的 TCP 建链过程。
终端发起模式如图 6-5 所示。

图 6-5　终端发起模式

PPG 发起模式如图 6-6 所示。

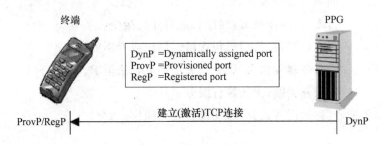

图 6-6　PPG 发起模式

（3）终端注册［RFC 2616、RFC2617］

① 注册请求

PPG 发起的注册请求过程（HTTP OPTIONS）如图 6-7 所示。

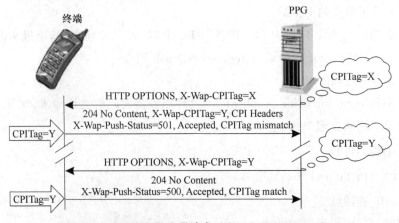

图 6-7　PPG 发起的注册请求过程（HTTP OPTIONS）

② 注册确认(Push Content)

注册确认在 PPG 和终端之间采用 HTTP POST 方法传送 Push 内容,注册确认过程如图 6-8 所示。

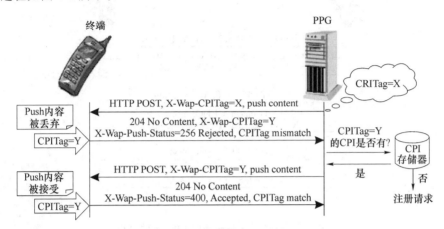

图 6-8　注册确认过程

③ 交互证实和鉴定过程

当终端和 PPG 之间建立了 TCP 连接后,PPG 需要证实 Push 的内容传送到合法终端。有时候,PPG 需要对终端进行鉴定。PPG 采用 Terminal-ID 唯一证实一个终端。同样,终端也要证实与之通信的 PPG 是否是合法网关。图 6-9 为终端接收未鉴定的注册请求,图 6-10 为终端在注册前请求 PPG 鉴定过程,图 6-11 为基本的鉴定过程。

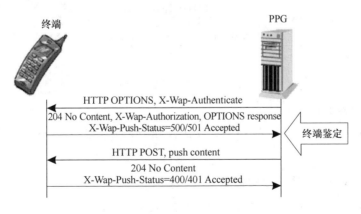

图 6-9　终端接收未鉴定的注册请求

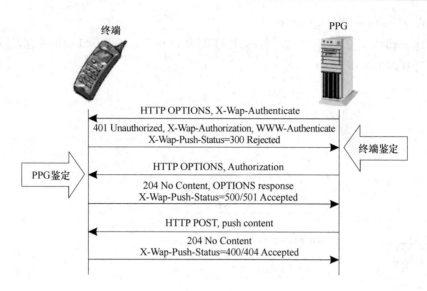

图 6-10　终端在注册前请求 PPG 鉴定过程

图 6-11　基本的鉴定过程

（4）内容 Push

Push 消息通过 HTTP POST 方法发送到终端,包括 POST 请求和 POST 响应。

### 3. OTA-HTTP 版本控制标志

X-Wap-Push-OTA-Version:1.0,1.3,2.*,3.4。

# 6.6　Push 状态列表

Push 状态列表给出注册请求和 Push 请求的结果,表示 Push 客户端和 Push 代理网关之间通信的应答状态,如表 6-1 所示。

表 6-1　**Push 结果状态列表**

| 状态码 | HTTP 方法 | 是否重传请求<br>(保持不变) | 描　　述 |
|---|---|---|---|
| 234 | POST | 是 | Push 请求被拒绝,USERREQ 的问题 |
| 235 | POST | 否 | Push 请求被拒绝,USERRFS 的问题 |
| 236 | POST | 否 | Push 请求被拒绝,USERPND 的问题 |
| 237 | POST | 是 | Push 请求被拒绝,USERDCR 的问题 |
| 238 | POST | 否 | Push 请求被拒绝,USERDCU 的问题 |
| 256 | POST | 否 | Push 请求被拒绝,无 CPITag 字段或者内容不匹配 |
| 257 | POST | 否 | Push 请求被拒绝,没有匹配 provisioning 的内容 |
| 300 | OPTIONS | 是 | 注册请求被拒绝,可重传 |
| 301 | OPTIONS | 否 | 注册请求被拒绝,不可重传 |
| 302 | OPTIONS | 否 | 注册请求被拒绝,没有匹配 provisioning[附录 A:Prov-Cont]的内容 |
| 400 | POST | N/A | Push 请求被接受,无 CPITag 字段或者内容不匹配 |
| 401 | POST | N/A | Push 请求被接受,CPITag 字段内容不匹配 |
| 500 | OPTIONS | N/A | 注册请求被接受,CPITag 字段内容匹配 |
| 501 | OPTIONS | N/A | 注册请求被接受,无 CPITag 字段或者内容不匹配 |
| 600 | POST、OPTIONS | N/A | 请求被拒绝,终端不支持 PPG 声明的 OTA-HTTP 版本 |

当 Push 请求被拒绝时,包括以下几种拒绝原因。

① USERREQ:没有明确拒绝原因,允许重新请求。

② USERRFS:没有明确拒绝原因,不允许重新请求。

③ USERPND:由于 Push 消息不能发送到目的地,所以 Push 请求被拒绝。

④ USERDCR:请求内容短缺导致 Push 消息被丢弃,Push 请求被拒绝。

⑤ USERDCU:由于接收端无法处理内容类型,所以拒绝 Push 请求。

# 第7章　WAP深度解析实战

## 7.1　实战场景需求

① WAP 所有关键字的识别。

② 提取关键字对应的内容,并说明各关键字段的应用场景以及各关键字段是否必选。

③ 对 WAP 1.X 有连接模式和无连接模式进行分析。

④ 对 9202(安全无连接)、9203(安全面向连接)端口的 WAP 业务进行分析。安全的 WAP 业务是指在收发双方进行安全协商(明文)后,对内容采用加密方式进行传输,对 WAP 业务的识别需要利用协商的加密算法解密传输内容。

⑤ WAP 1.X 情况下:WTP 分片;IP 分片;乱序;重传。分片包括关键字被分片到两个报文中的情况,能正确地解析出关键字段及其对应的内容(如解析出 URL)。

⑥ WAP 2.0 情况下:TCP 分片;IP 分片;乱序;重传。分片包括关键字被分片到两个报文中的情况,能正确地解析出关键字段及其对应的内容(如解析出 URL)。

⑦ 重传的数据流量可以单独统计(重传数据包个数和重传总流量),可以和原业务关联;上传到用户节点时,指明相应数据流中重传数据包个数和重传总流量。

⑧ 识别出每个 Method 对应的所有流量统计。

⑨ 识别出业务的成功/失败;按照自定义标准判断事件的成功/失败。

⑩ 重定向(URL 重定向,IP 重定向);按 GET 事件请求报文到达的时间分为事前(网关收到 GET 但未转给服务器前)、事中(网关收到 GET 并转给服务器后)、事后(服务器已响应且网关已转给终端后);对于重定向引起的所有流量都单独统

计，比如 DNS 及其发生的所有请求或响应等。

⑪ 对动态端口的 WAP 报文用关键字进行识别。

⑫ 能把 WAP 建链过程和具体应用关联起来。识别 WAP 承载业务类型；识别业务类型交互过程，统计每条流的流量。

⑬ 研究对 WSP 头中报文进行修改的方案。具体应用场景为：

a. WSP 头中插入 MSISDN、IP 地址等信息；

b. 重定向时需要修改 WSP 报文。

# 7.2　关键字识别和内容的提取

**1. WSP PDU 类型**

（1）WSP PDU 类型简介

WSP PDU 类型字段占一字节，采用编码方式表示，对应内容参见后面的 WSP PDU 类型表。

- 无连接情况下，WSP PDU 类型字段位于 WSP PDU 的第二个字节。由于无连接情况下没有 WTP，所以 WSP PDU 类型字段位于数据业务部分（传输层之上）的第二个字节。无连接的 WSP PDU 格式如表 7-1 所示。

表 7-1　无连接的 WSP PDU 格式

| 顺序编号 | 名　称 | 所占字段/字节 |
|---|---|---|
| 1 | TID | 1 |
| 2 | PDU Type | 1 |
| … | … | … |

- 面向连接情况下，包括 WSP 和 WTP，WSP PDU Type 字段位于 WSP PDU 的第一个字节。面向连接的 WSP Get PDU 格式如表 7-2 所示。

表 7-2　面向连接的 WSP Get PDU 格式

| 顺序编号 | 名　称 | 所占字段/字节 |
|---|---|---|
| 1 | PDU Type | 1 |
| … | … | … |

由于 WTP 的存在,根据 WTP PDU 长度的不同,WSP 类型字段在数据业务部分(传输层之上)的位置不同。表 7-3 至表 7-8 给出 WSP PDU 和 WTP PDU 类型对应使用表,图 7-1 到图 7-6 给出几种 WSP PDU 类型数据包内容。表 7-3 至表 7-8 中 WTP PDU 字段长度都是在无 TPI 字段情况下的取值;存在 TPI 字段时,参考 3.1.2 节。

表 7-3 Invoke+Connect

| 协议类型 | PDU 类型 | PDU 所占字段/字节 |
|---|---|---|
| WTP PDU | Invoke | 4 |
| WSP PDU | Connect | |

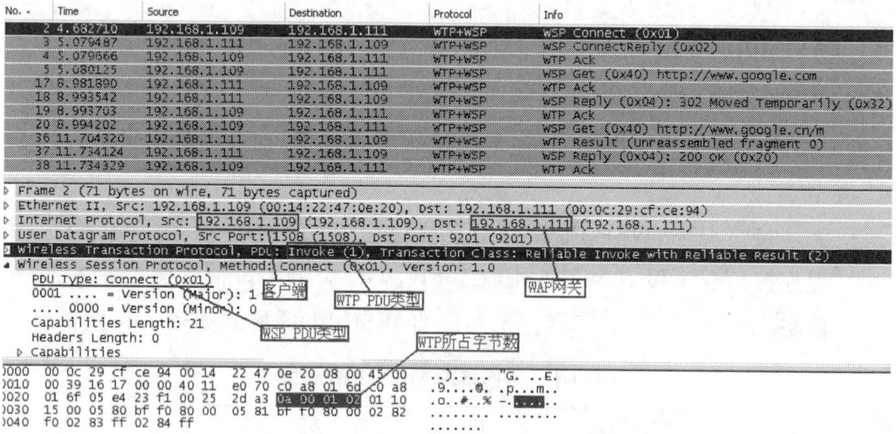

图 7-1 WSP Connect 数据包内容

表 7-4 Result + ConnectReply

| 协议类型 | PDU 类型 | PDU 所占字段/字节 |
|---|---|---|
| WTP PDU | Result | 3 |
| WSP PDU | ConnectReply | |

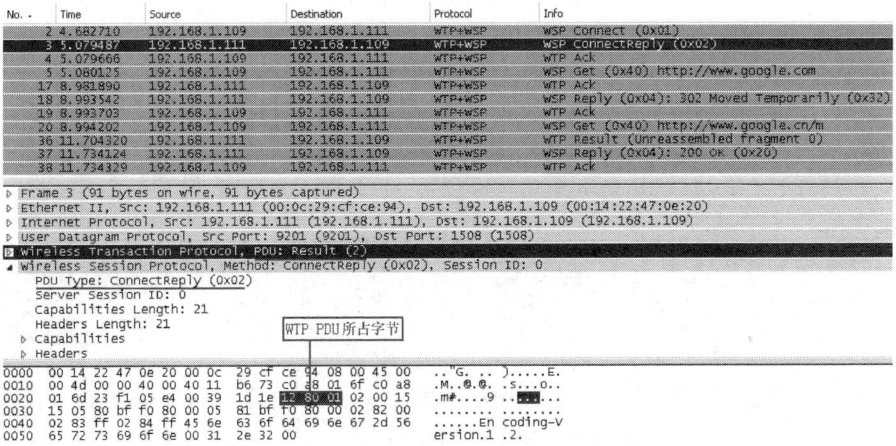

图 7-2　WSP ConnectReply 数据包内容

表 7-5　Invoke ＋ Get/Post

| 协议类型 | PDU 类型 | PDU 所占字段/字节 |
|---|---|---|
| WTP PDU | Invoke | 4 |
| WSP PDU | Get/Post | |

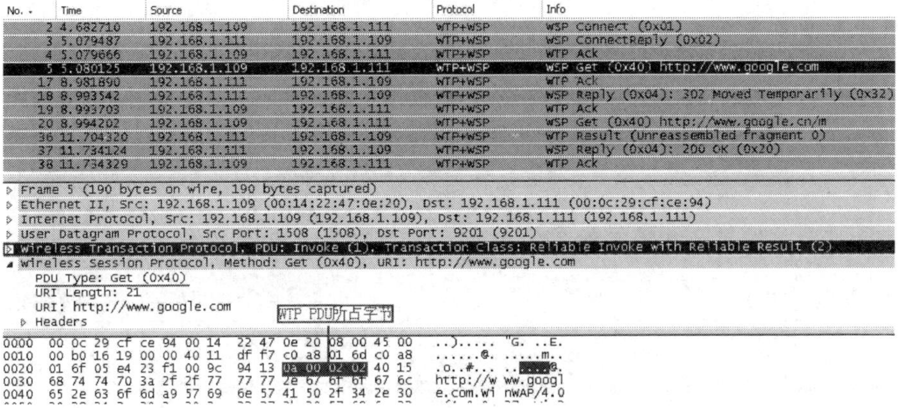

图 7-3　WSP Get 数据包内容

表 7-6　Invoke ＋ Disconnect

| 协议类型 | PDU 类型 | PDU 所占字段/字节 |
|---|---|---|
| WTP PDU | Invoke | 4 |
| WSP PDU | Disconnect | |

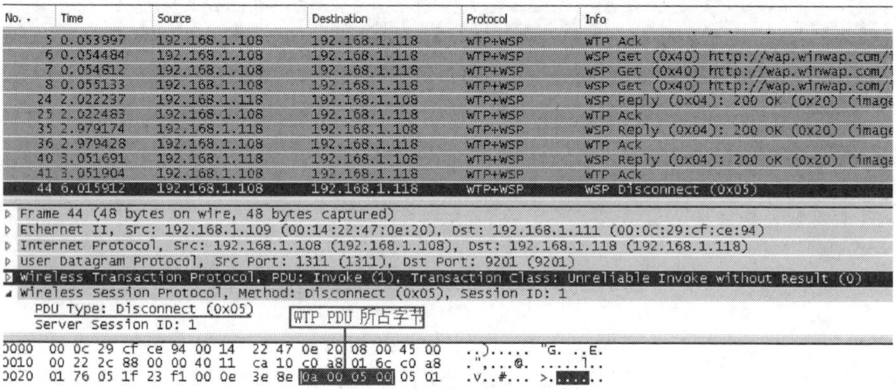

| No. . | Time | Source | Destination | Protocol | Info |
|---|---|---|---|---|---|
| 5 | 0.053997 | 192.168.1.108 | 192.168.1.118 | WTP+WSP | WTP Ack |
| 6 | 0.054484 | 192.168.1.108 | 192.168.1.118 | WTP+WSP | WSP Get (0x40) http://wap.winwap.com/ |
| 7 | 0.054812 | 192.168.1.108 | 192.168.1.118 | WTP+WSP | WSP Get (0x40) http://wap.winwap.com/ |
| 8 | 0.055133 | 192.168.1.108 | 192.168.1.118 | WTP+WSP | WTP Ack |
| 24 | 2.022237 | 192.168.1.118 | 192.168.1.108 | WTP+WSP | WSP Reply (0x04): 200 OK (0x20) (image |
| 25 | 2.022483 | 192.168.1.118 | 192.168.1.118 | WTP+WSP | WTP Ack |
| 35 | 2.979174 | 192.168.1.118 | 192.168.1.108 | WTP+WSP | WSP Reply (0x04): 200 OK (0x20) (image |
| 36 | 2.979428 | 192.168.1.118 | 192.168.1.118 | WTP+WSP | WTP Ack |
| 40 | 3.051691 | 192.168.1.118 | 192.168.1.108 | WTP+WSP | WSP Reply (0x04): 200 OK (0x20) (image |
| 41 | 3.051904 | 192.168.1.118 | 192.168.1.118 | WTP+WSP | WTP Ack |
| 44 | 6.015912 | 192.168.1.108 | 192.168.1.118 | WTP+WSP | WSP Disconnect (0x05) |

```
▷ Frame 44 (48 bytes on wire, 48 bytes captured)
▷ Ethernet II, Src: 192.168.1.109 (00:14:22:47:0e:20), Dst: 192.168.1.111 (00:0c:29:cf:ce:94)
▷ Internet Protocol, Src: 192.168.1.108 (192.168.1.108), Dst: 192.168.1.118 (192.168.1.118)
▷ User Datagram Protocol, Src Port: 1311 (1311), Dst Port: 9201 (9201)
▷ Wireless Transaction Protocol, PDU: Invoke (1), Transaction Class: Unreliable Invoke without Result (Q)
▽ Wireless Session Protocol, Method: Disconnect (0x05), Session ID: 1
    PDU Type: Disconnect (0x05)
    Server Session ID: 1        ┌WTP PDU 所占字节┐

0000  00 0c 29 cf ce 94 00 14   22 47 0e 20 08 00 45 00   ..)..... "G. ..E.
0010  00 22 2c 88 00 00 40 11   ca 10 c0 a8 01 6c c0 a8   .",,..@. .....l..
0020  01 76 05 1f 23 f1 00 0e   3e 8e 0a 00 05 00 05 01   .v..#... >.....
```

图 7-4　WSP Disconnect 数据包内容

表 7-7　Result ＋ Reply

| 协议类型 | PDU 类型 | PDU 所占字段/字节 |
|---|---|---|
| WTP PDU | Result | 3 |
| WSP PDU | Reply | |

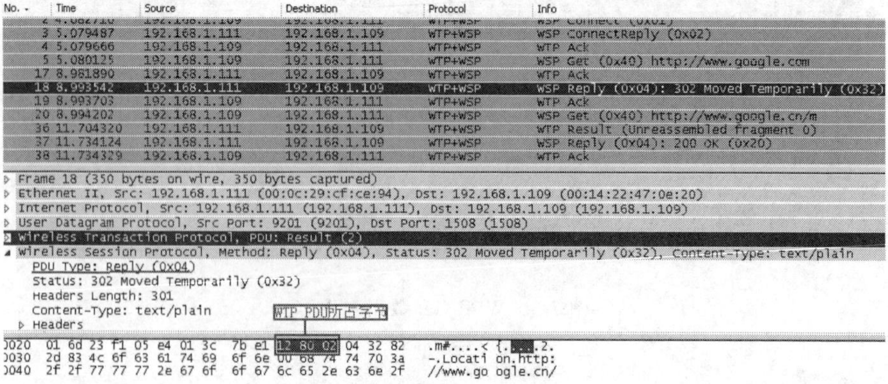

| No. - | Time | Source | Destination | Protocol | Info |
|---|---|---|---|---|---|
| 2 | 4.002710 | 192.168.1.109 | 192.168.1.111 | WTP+WSP | WSP Connect (0x01) |
| 3 | 5.079487 | 192.168.1.111 | 192.168.1.109 | WTP+WSP | WSP ConnectReply (0x02) |
| 4 | 5.079666 | 192.168.1.109 | 192.168.1.111 | WTP+WSP | WTP Ack |
| 5 | 5.080125 | 192.168.1.109 | 192.168.1.111 | WTP+WSP | WSP Get (0x40) http://www.google.com |
| 17 | 8.981890 | 192.168.1.111 | 192.168.1.109 | WTP+WSP | WTP Ack |
| 18 | 8.993342 | 192.168.1.111 | 192.168.1.109 | WTP+WSP | WSP Reply (0x04): 302 Moved Temporarily (0x32) |
| 19 | 8.993703 | 192.168.1.109 | 192.168.1.111 | WTP+WSP | WTP Ack |
| 20 | 8.994202 | 192.168.1.109 | 192.168.1.111 | WTP+WSP | WSP Get (0x40) http://www.google.cn/m |
| 36 | 11.704320 | 192.168.1.111 | 192.168.1.109 | WTP+WSP | WTP Result (Unreassembled fragment 0) |
| 37 | 11.734124 | 192.168.1.111 | 192.168.1.109 | WTP+WSP | WSP Reply (0x04): 200 OK (0x20) |
| 38 | 11.734329 | 192.168.1.109 | 192.168.1.111 | WTP+WSP | WTP Ack |

```
▷ Frame 18 (350 bytes on wire, 350 bytes captured)
▷ Ethernet II, Src: 192.168.1.111 (00:0c:29:cf:ce:94), Dst: 192.168.1.109 (00:14:22:47:0e:20)
▷ Internet Protocol, Src: 192.168.1.111 (192.168.1.111), Dst: 192.168.1.109 (192.168.1.109)
▷ User Datagram Protocol, Src Port: 9201 (9201), Dst Port: 1508 (1508)
▷ Wireless Transaction Protocol, PDU: Result (2)
▽ Wireless Session Protocol, Method: Reply (0x04), Status: 302 Moved Temporarily (0x32), Content-Type: text/plain
    PDU Type: Reply (0x04)
    Status: 302 Moved Temporarily (0x32)
    Headers Length: 301
    Content-Type: text/plain         ┌WTP PDU所占字节┐
    ▷ Headers

0020  01 6d 23 f1 05 e4 01 3c   7b e1 12 80 02 04 32 82   .m#....< {.....2.
0030  2d 83 4c 6f 63 61 74 69   6f 6e 00 68 74 74 70 3a   -.Locati on.http:
0040  2f 2f 77 77 77 2e 67 6f   67 6c 65 2e 63 6e 2f      //www.go ogle.cn/
```

图 7-5　WSP Reply 数据包内容

表 7-8　Segmented Result ＋ Reply

| 协议类型 | PDU 类型 | PDU 所占字段/字节 |
|---|---|---|
| WTP PDU | Segmented Result | 4 |
| WSP PDU | Reply | |

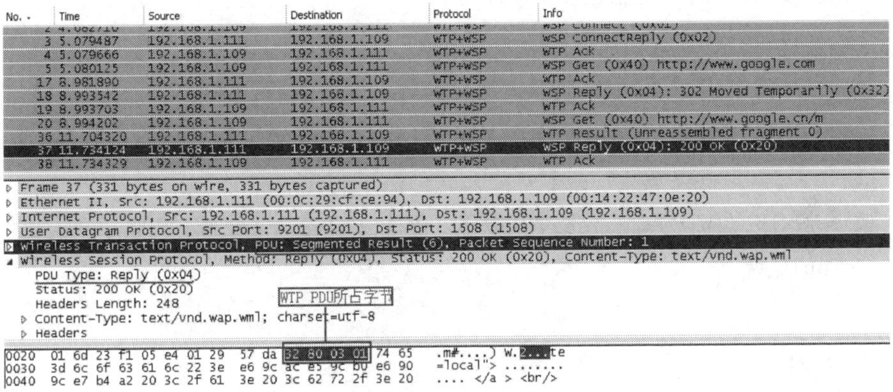

图 7-6　带分片的 WSP Reply 数据包内容

（2）类型提取方法

从 WAP 1.X 协议栈可知 WSP 在 WTP 的上层，所以可以通过确定 WTP 内容长度定位到 WSP 内容首部。类型提取步骤如下。

① 根据端口，判断是否是面向连接模式。若是无连接模式，WSP 层在传输层之上，WSP PDU 在 WSP 部分的第二个字节；若是面向连接模式，继续。

② 判断 WTP 部分的第一个字节是否为 0x00。若是 0x00，表示 WTP 串联模式，继续；若不是 0x00，跳到第④步。

③ 第二个字节为第一个子 PDU（包括 WTP 和 WSP 部分）长度（用 S1_PDU_SIZE 表示），从第 3 个字节开始，到第（3 ＋ S1_PDU_SIZE）个字节为第一个子 PDU 内容，跳到第④步进行提取；然后返回第③步，继续处理剩余子 PDU 内容。WTP 串联时，PDU 的格式参见 5.5 节。数据包长度－WTP 以下各层长度 ＝ （WTP 层 ＋ WSP 层）的长度 ＝ 每个子 PDU 长度之和。

④ 根据 WTP PDU 类型，确定 WTP 部分长度。算法为：

switch（WTP PDU 第一字节和 0xf8 进行与操作）

//因为 WTP PDU 类型字段在 WTP PDU 第一个字节的第 6、5、4、3 位，第 7 位指示

WTP PDU 中是否包含 TPI 字段,所以将第一个字节和 0xf8 进行与操作,以提出高 5 位。WTP PDU 字段格式参见 3.1 节。

{

case 0x10://WTP Result,WTP 占 3 字节

case 0x08://WTP Invoke

case 0x20://WTP Abort

case 0x28://WTP Segmented Invoke

case 0x30://WTP Segmented Result,WTP 占 4 字节

case 0x98://WTP ACK(带 TPI 字段),WTP 占 5 字节,无 WSP PDU

case 0x38://WTP Negative ACK,WTP 占(4 + 丢失分片数据包的数目)字节,无
        WSP PDU

case 0x18://WTP ACK(不带 TPI 字段),WTP 占 3 字节,无 WSP PDU

default:

}

**2. URI**

① URI 字段存在于 Get 和 Post 数据包中,根据 URI Length 标识确定长度,URI 字段标识内容。带 URI 的数据包内容如图 7-7 所示。

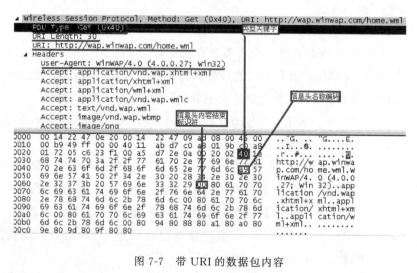

图 7-7 带 URI 的数据包内容

② URI 提取方法。

起始位置:从 WSP PDU 内容部分(除去 TID 和 WTP PDU 类型)的第二个字节开始,URI Length(WSP PDU 内容部分的第一个字节)标识 URI 长度。

### 3．Content-Type 字段

Content-Type 字段用于识别上层承载业务类型，如 MMS 和 OMA DOWN-LOAD 等。对应内容类型，或者采用编码方式，或者采用以′0x00′为结束符的明文方式（未定义编码格式）。图 7-8 是以编码方式表示的内容类型，图 7-9 是以明文方式表示的内容类型。

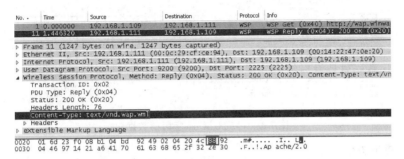

图 7-8　以编码方式表示的内容类型

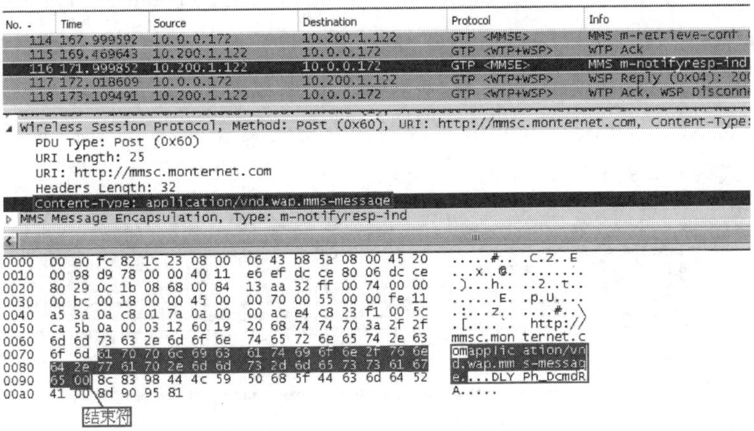

图 7-9　以明文方式表示的内容类型

### 4．应答状态码

WSP Reply 响应报文的第二个字节（有连接）或者第三个字节（无连接），应答状态字段由 Status 标识，应答状态内容参见附录 C。

### 5．WSP 报头

① 报头（Headers）字段的具体内容参见附录 B，其常用的字段名包括 Content-Type、Location、Accept 等。带 Headers 字段的数据包如图 7-10 所示。

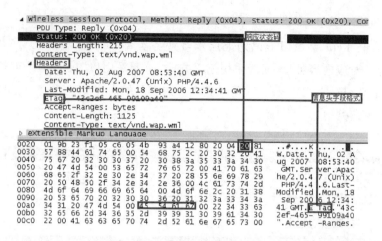

图 7-10　带 Headers 字段的数据包

② 提取方法如下。

根据 WSP 类型内容的格式,判断 Capabilities 和 ContentType 各自的位置。对于 Headers 内容的识别,实现根据 WSP 内容格式定位 Headers 字段的位置。

Headers 中包含字段的对应内容都是以"0x00"为结束符的,字段名采用编码和明文两种方式表示(即使同为 WSP Reply 数据包,对应报头字段名也可能采用两种方式表示)。Content-Length 字段名一个用明文表示,如图 7-11 所示;另一个用编码方式表示('0x8d'),如图 7-12 所示。

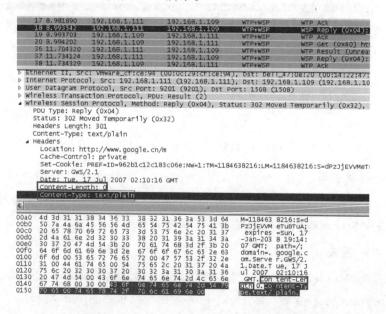

图 7-11　明文表示的 Content-Length 数据包

图 7-12　编码方式表示的 Content-Length 数据包

# 7.3　WAP 的识别

**1. 根据端口识别**

（1）WAP 1.X 识别

WAP 网关默认通信端口为 9200～9203。其中，9200（0x23f0）表示无连接模式；9201（0x23f1）表示面向连接模式；9202（0x23f2）表示安全无连接模式；9203（0x23f3）表示安全面向连接模式。

（2）WAP 2.0 识别

WAP 2.0 采用 HTTP 的端口，所以无法通过端口识别出 WAP 2.0。

**2. 根据关键字识别**

（1）WAP 1.X 识别

由于 WAP 用到的绝大多数关键字都采用一个字节编码方式，而不是明文，所以采用一个关键字识别 WAP，误判率可能较高。可以采用多关键字联合匹配的方法识别 WAP，以尽可能地降低误判率。

多关键字联合检测方法如下。

① 传输层负载的第一个字节是 0x00，肯定是 WAP（目前为止，没有和其他协议检测规则冲突）。

② 首先,传输层负载的第一个字节和 0x78 进行与操作后,数值等于 0x08、0x10、0x18、0x20、0x28、0x30、0x38 其中之一。其次,根据这些数值确定 WTP 层基本长度(参见 6.2 节),根据第一个字节是否大于 0x80 判断是否存在 TPI,若存在,再确定 TPI 长度(参见 3.1.2 节),TPI 长度加 WTP 层基本长度就是 WTP 层总长度。最后,根据 WTP 层总长度,定位到 WSP 层的第一个字节,首字节取值位于 0x01~0x8f 之间。

③ 传输层负载的第二个字节取值位于 0x01~0x8f 之间。

说明:①、②、③规则之间是或的关系,规则内部是与的关系。虽然这种方法能在一定程度上降低误判率(降低程度不会太高),但是检测规则复杂。另外,如果能确定运营商 WAP 网关的地址,将"源地址或者目的地址等于 WAP 网关地址"作为一条检测规则,与上述每条规则都是与的关系,这样能在一定程度上降低误判率。

(2) WAP 2.0 识别

HTTP 层的内容字段包含"wap"字符串,就是 WAP 2.0。由于"wap"字符串所在字段的位置不固定,所以需要采用字符串匹配方法搜索"wap"字符串。我们在设计原型系统时,字符串匹配过程采用的是基于状态机的模式匹配方法。此外,包含"wap"字符串的 HTTP 字段在客户端请求过程中没有出现,只能在服务器响应过程中识别。

### 3. "WAP 网关地址 + 特定端口"联合识别 WAP 1. X

根据不同运营商各自的 WAP 网关地址固定的特点,可以将 WAP 网关地址和特定端口(9200~9203)作为联合检测规则识别 WAP 1. X。

# 7.4　WAP 1.X 分片、乱序和重传

## 7.4.1　分片、乱序处理

如果接收端在重组时,发现缺少数据包,会发送 Negative ACK PDU 给发送端,告诉发送端未收到数据包的 PSN,发送端将重传该 PSN 对应的数据包。此外,通过 PSN 可以判断是否发生乱序;如果乱序,则保存先到的数据包。

PSN 字段的位置:如果 WTP PDU 类型是 Segmented Invoke 或者 Segmented Result,则在 WTP PDU 的第 4 个字节;如果 WTP PDU 类型是 Negative ACK,则

第 4 个字节之后是丢失数据包的 PSN 号,长度由第 4 个字节的丢失数据包数目标识。

WTP 分片和重组交互过程如图 7-13 所示。其中,PSN 表示包序列号;$G$ 代表跟踪标记为 0x10,表示此次请求为分组群的最后一个分组;$T$ 代表跟踪标记为 0x01,表示此次请求为消息的最后一个分组。Segmented Invoke 和 Segmented Result 是分片时用到的关键字,而且在响应者发出的 Segmented Result 字段中包括重组后数据包的位置。WTP 重组的关键字标识是:WTP PDU 类型 Segmented Invoke(0x05)或 Segmented Result(0x06)和跟踪标记(0x01)。

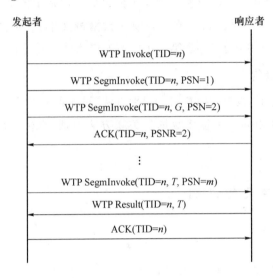

图 7-13    WTP 分片和重组交互过程

WTP 分片过程是针对上层协议内容的重组和识别,如 MMS。图 7-14 为承载 MMS 业务中 WTP 分片、重传数据包。

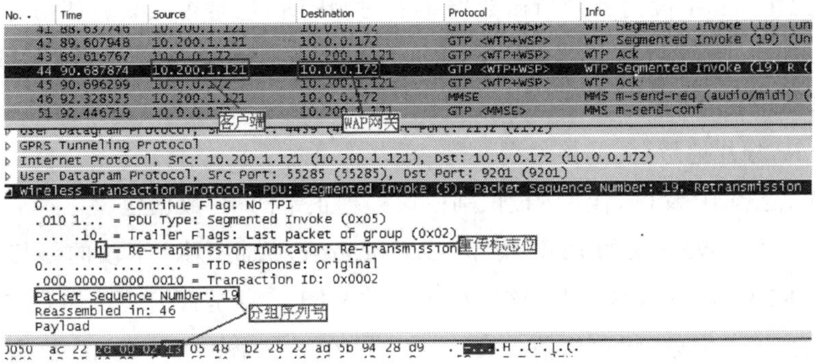

图 7-14    WTP 分片、重传数据包

## 7.4.2 重传处理

**1. 面向连接的重传**

重传前后数据包的 WTP TID 相同,WTP 重传指示位是 1。识别方法:WTP 报文第一个字节为奇数。

WTP 重传指示位的位置:

① 在非串联模式下,WTP 第一个字节的最后一位是重传指示位;

② 在串联模式下,根据 5.5 节串联模式数据报文格式,定位到每个 WTP 子 PDU 的位置,每个 WTP 子 PDU 第一个字节的最后一位是重传指示位。

**2. 无连接的重传**

在无连接情况下,没有 WTP 层。识别方法:重传前后数据包的 WSP PDU 类型和 WSP 的 TID 相同。用重传数据包关联方法识别:重传前后的 WSP 层 TID 相同。

## 7.4.3 关键字段的识别

**1. URL 识别**

(1) WTP 分片情形(面向连接情况)

首先,处理 WTP 乱序(参见 6.4.1 节),让 URL 识别模块处理正常的 WTP 数据包。

其次,根据 WSP 层的 PDU 类型(Get 和 Post)判断 URI 字段的偏移位置,然后根据 URI Len 字段内容判断该数据包中的 URI 信息是否完整。如果完整,识别出 URL;如果不完整,缓存当前 URL 的部分,在下一个正常序的 WTP 数据包中识别出 URI 剩余部分。

(2) IP 分片情形(无连接情况)

首先,处理 IP 乱序,让 URL 识别模块处理正常的 IP 数据包。

其次,根据 WSP 层的 PDU 类型(Get 和 Post)判断 URI 字段的偏移位置,然后根据 URI Len 字段内容判断该数据包中的 URI 信息是否完整。如果完整,识别出 URL;如果不完整,缓存当前 URL 的部分,在下一个正常序的 IP 数据包(无传输层,WSP 层开始就是 URI 剩余部分)中识别出 URI 剩余部分。

**2. 业务类型识别**

业务类型识别依靠 WSP 层的 Content-Type 字段。如果 Content-Type 字段对应内容被分片,处理方式分为两种情况。

(1) Content-Type 内容采用编码方式表达

根据附录 E 中定义的编码格式,识别业务内容。

(2) Content-Type 内容采用明文方式表达

在这种情况下,业务类型字段以 0x00 作为结束符重组分片的业务类型字段。

# 7.5　WAP 2.0 分片、乱序和重传

WAP 2.0 中使用的协议是 WHTTP 和 WTCP,与 HTTP 和 TCP 情况相似。TCP 重传可以参考 TCP-IP 协议中关于分片、乱序的重传原理;HTTP 重传可以参考 HTTP 协议的重传原理。

# 7.6　WAP 方法对应流量的统计

**1. 普通模式下的流量**

流量统计分为一次交互流量的统计和一条流的流量统计。

(1) 一次交互流量

通过 WTP TID 字段标识一次交互。在面向连接模式下,TID 字段位于 WTP PDU 第二个字节的低 7 位以及第三个字节,共计 15 位。具体格式参见 3.1 节。在无连接模式下,TID 字段位于 WSP PDU 字段的第一个字节。

统计方法如下。

① 当一个数据包进入时,首先检查 WTP TID 字段,如果该 TID 字段没有被记录,先记录该字段,然后开始统计流量;如果该 TID 字段已经被记录,则直接累加流量到 TID 对应流量字段中。

② 一次交互结束标识:在面向连接情况下,WTP ACK 表示结束;在无连接情况下,Reply 表示结束。

③ Disconnect 数据包有独立的 TID 号,标识一次交互过程。

例如,Connect—ConnectReply—ACK 一次交互过程参见 5.1 节,捕获的数据

包如图 7-15 所示。

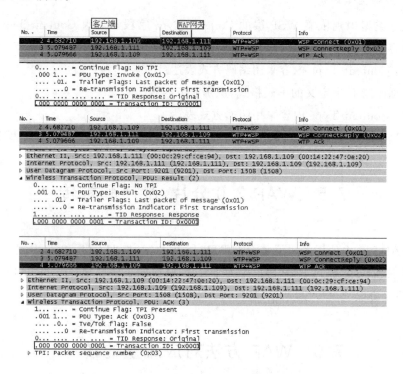

图 7-15  一次交互过程的数据包

（2）WTP 分片的流量

对于同一条流,整个分片和重组过程采用相同的 WTP TID。

分片开始判断:WTP 跟踪字段为 00,WTP 第一个字节的第 2、1 位记录此时的 WTP TID,开始统计分片流量。WTP 分片开始的数据包如图 7-16 所示。

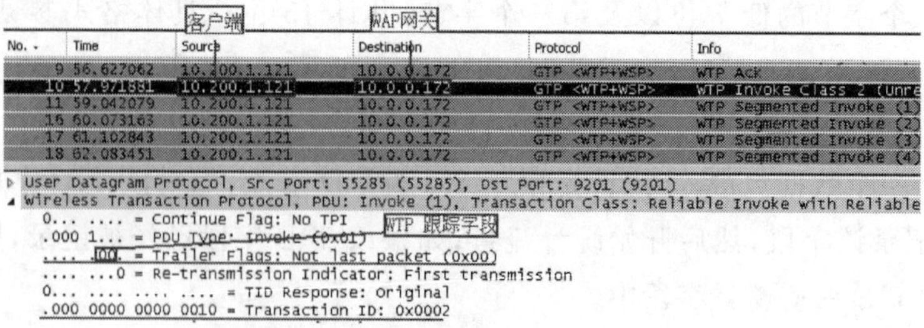

图 7-16  WTP 分片开始的数据包

分片结束判断:WTP 跟踪字段为 01,继续统计此次交互的流量,直到具有相同 TID 的 ACK 数据包到达。WTP 分片结束的数据包如图 7-17 所示。

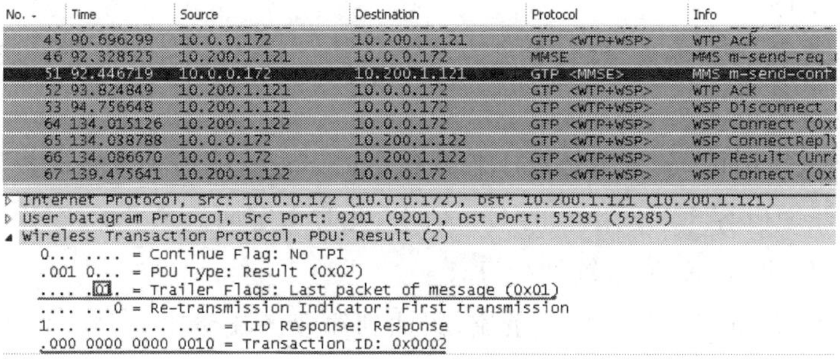

| No. - | Time | Source | Destination | Protocol | Info |
|---|---|---|---|---|---|
| 45 | 90.696299 | 10.0.0.172 | 10.200.1.121 | GTP <WTP+WSP> | WTP Ack |
| 46 | 92.328525 | 10.200.1.121 | 10.0.0.172 | MMSE | MMS m-send-req |
| 51 | 92.446719 | 10.0.0.172 | 10.200.1.121 | GTP <MMSE> | MMS m-send-conf |
| 52 | 93.824849 | 10.200.1.121 | 10.0.0.172 | GTP <WTP+WSP> | WTP Ack |
| 53 | 94.756648 | 10.200.1.121 | 10.0.0.172 | GTP <WTP+WSP> | WSP Disconnect |
| 64 | 134.015126 | 10.200.1.122 | 10.0.0.172 | GTP <WTP+WSP> | WSP Connect (0x |
| 65 | 134.038788 | 10.0.0.172 | 10.200.1.122 | GTP <WTP+WSP> | WSP ConnectReply |
| 66 | 134.086670 | 10.200.1.122 | 10.0.0.172 | GTP <WTP+WSP> | WTP Result (0x |
| 67 | 139.475641 | 10.200.1.122 | 10.0.0.172 | GTP <WTP+WSP> | WSP Connect (0x |

```
▷ Internet Protocol, Src: 10.0.0.172 (10.0.0.172), Dst: 10.200.1.121 (10.200.1.121)
▷ User Datagram Protocol, Src Port: 9201 (9201), Dst Port: 55285 (55285)
▽ Wireless Transaction Protocol, PDU: Result (2)
   0... .... = Continue Flag: No TPI
   .001 0... = PDU Type: Result (0x02)
   .... .01. = Trailer Flags: Last packet of message (0x01)
   .... ...0 = Re-transmission Indicator: First transmission
   1... .... .... .... = TID Response: Response
   .000 0000 0000 0010 = Transaction ID: 0x0002
```

图 7-17　WTP 分片结束的数据包

流量统计结束判断:分片重组后,客户端发送 ACK 响应包,累加此流量,流量统计结束。分片流量统计结束标识数据包如图 7-18 所示。

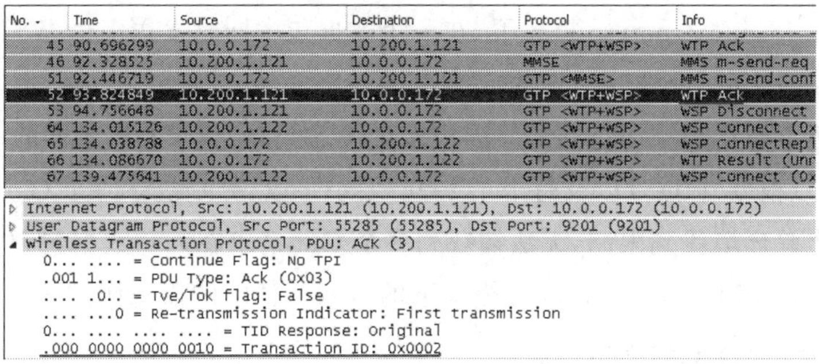

| No. - | Time | Source | Destination | Protocol | Info |
|---|---|---|---|---|---|
| 45 | 90.696299 | 10.0.0.172 | 10.200.1.121 | GTP <WTP+WSP> | WTP Ack |
| 46 | 92.328525 | 10.200.1.121 | 10.0.0.172 | MMSE | MMS m-send-req |
| 51 | 92.446719 | 10.0.0.172 | 10.200.1.121 | GTP <MMSE> | MMS m-send-conf |
| 52 | 93.824849 | 10.200.1.121 | 10.0.0.172 | GTP <WTP+WSP> | WTP Ack |
| 53 | 94.756648 | 10.200.1.121 | 10.0.0.172 | GTP <WTP+WSP> | WSP Disconnect |
| 64 | 134.015126 | 10.200.1.122 | 10.0.0.172 | GTP <WTP+WSP> | WSP Connect (0x |
| 65 | 134.038788 | 10.0.0.172 | 10.200.1.122 | GTP <WTP+WSP> | WSP ConnectRepl |
| 66 | 134.086670 | 10.200.1.122 | 10.0.0.172 | GTP <WTP+WSP> | WTP Result (Unr |
| 67 | 139.475641 | 10.200.1.122 | 10.0.0.172 | GTP <WTP+WSP> | WSP Connect (0x |

```
▷ Internet Protocol, Src: 10.200.1.121 (10.200.1.121), Dst: 10.0.0.172 (10.0.0.172)
▷ User Datagram Protocol, Src Port: 55285 (55285), Dst Port: 9201 (9201)
▽ Wireless Transaction Protocol, PDU: ACK (3)
   0... .... = Continue Flag: No TPI
   .001 1... = PDU Type: Ack (0x03)
   .... .0.. = Tve/Tok flag: False
   .... ...0 = Re-transmission Indicator: First transmission
   0... .... .... .... = TID Response: Original
   .000 0000 0000 0010 = Transaction ID: 0x0002
```

图 7-18　分片流量统计结束标识数据包

(3) WTP 重传的流量

判断是否重传的方法:WTP 重传指示位是 1(WTP 第一个字节的最后一位),表示该数据包是重传数据包,记录该数据包的 WTP TID,然后将具有相同 WTP TID 的重传数据包流量累加。WTP 重传数据包如图 7-19 所示。

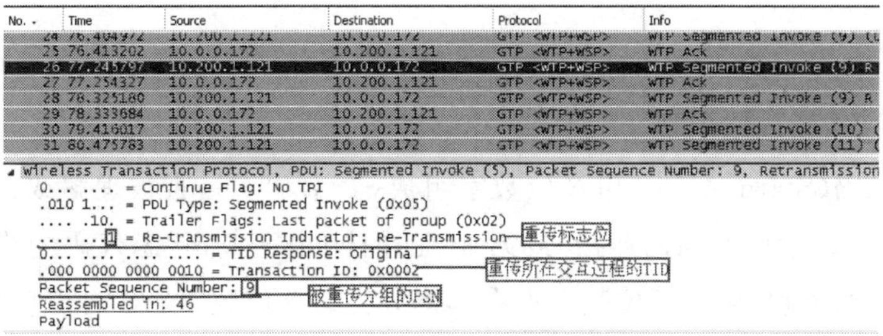

| No. - | Time | Source | Destination | Protocol | Info |
|---|---|---|---|---|---|
| 24 | 76.404972 | 10.200.1.121 | 10.0.0.172 | GTP <WTP+WSP> | WTP Segmented Invoke (9) ( |
| 25 | 76.413202 | 10.0.0.172 | 10.200.1.121 | GTP <WTP+WSP> | WTP Ack |
| 26 | 77.243797 | 10.200.1.121 | 10.0.0.172 | GTP <WTP+WSP> | WTP Segmented Invoke (9) R |
| 27 | 77.254327 | 10.0.0.172 | 10.200.1.121 | GTP <WTP+WSP> | WTP Ack |
| 28 | 78.325180 | 10.200.1.121 | 10.0.0.172 | GTP <WTP+WSP> | WTP Segmented Invoke (10) R |
| 29 | 78.333684 | 10.0.0.172 | 10.200.1.121 | GTP <WTP+WSP> | WTP Ack |
| 30 | 79.416017 | 10.200.1.121 | 10.0.0.172 | GTP <WTP+WSP> | WTP Segmented Invoke (10) R |
| 31 | 80.475783 | 10.200.1.121 | 10.0.0.172 | GTP <WTP+WSP> | WTP Segmented Invoke (11) R |

```
▲ Wireless Transaction Protocol, PDU: Segmented Invoke (5), Packet Sequence Number: 9, Retransmission
   0... .... = Continue Flag: No TPI
   .010 1... = PDU Type: Segmented Invoke (0x05)
   .... .10. = Trailer Flags: Last packet of group (0x02)
   .... ...1 = Re-transmission Indicator: Re-Transmission    ← 重传标志位
   0... .... .... .... = TID Response: Original
   .000 0000 0000 0010 = Transaction ID: 0x0002    ← 重传所在交互过程的TID
   Packet Sequence Number: 9    ← 做重传分组的PSN
   Reassembled in: 46
   Payload
```

图 7-19　WTP 重传数据包

（4）重定向流量

首先判断是否发生重定向（参见 5.6 节），然后统计重定向流量（WTP TID 表示重定向交互阶段）。

重定向发生标识：在 WSP Reply 数据包中的 Status 字段是重定向标识（0x30～0x37）。在此之后客户端发出新的 Get 请求，此时重定向流量开始统计，记录 TID，直到此次交互的 ACK，流量统计结束。

如果重定向与原业务是同一条流，累加到原业务流量中，否则，将重定向作为新流进行流量统计。

（5）一条流的流量

将属于同一条流（五元组标识）的所有流量累加就是这条流的总流量。

**2. Concatenation 模式下的流量**

在 WTP Concatenation 模式下，在一个数据包中同时发送多个 WSP Get 请求而不等待回应。此外，这些请求的应答也不一定紧跟在请求的后面，但是，应答是严格按照请求发送的顺序返回的。因为多个 WSP Get 请求具有不同的 WTP TID 号，所以可以根据 TID 号以及每个子 PDU 大小字段，分别统计每个 Get 的流量。

由于实验环境受到限制，无法捕获到多个 Get 请求在同一数据包中的情况，所以，无法进行 WTP Concatenation 模式下的多 Get 请求的需求测试。

**3. 安全（WTLS）模式下的流量**

由于在安全模式下，传输的上层数据是经过加密的，所以无法知道传输的业务类型，但是可以统计业务流量。业务流量由记录头中的 Record Length（占 WTLS 层的第四、五个字节）数值给出，参见 3.4.2 节。

# 7.7　识别业务的成功与失败

**1. 通过状态代码识别**

状态代码（Status-Code）由 3 位数字组成，表示请求是否被理解或被满足。它在 WSP Reply 的第 2（面向连接）或第 3（无连接）个字节，状态代码的第一位数字定义了回应的类别，后面两位数字没有具体分类。首位数字有 5 种取值的可能。

- 1××：接收请求，继续。
- 2××：成功，操作被接收、理解、接受（received，understood，accepted）。

- 3××:重定向(Redirection),要完成请求必须进行进一步操作。
- 4××:客户端出错,请求有语法错误或无法实现。
- 5××:服务器端出错,服务器/网关无法实现合法的请求。

如果状态代码为 4××、5××,则认为业务失败。对于每次请求,如果返回的状态代码为 2××,则认为业务成功。

**2. 数据完整性检查**

如果网关/服务器返回 200 OK(在 WSP Reply 类型数据包中采用一字节编码 0x20),还需要客户得到完整的数据内容才算此次服务请求成功,所以,需要判断数据传输的完整性。判断采用以下方法:WSP Reply 类型数据包的 Headers 中包含 Content-Length 字段,则字段内容表示传输数据的大小。数据内容完整性检查指示数据包如图 7-20 所示。

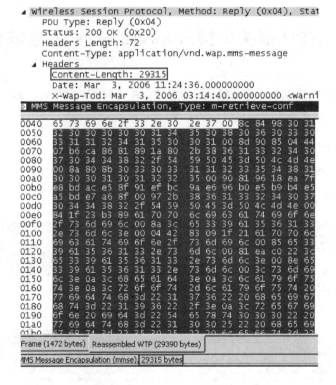

图 7-20　数据内容完整性检查指示数据包

如果 WSP Reply 数据包的 Headers 部分不包含 Content-Length 字段,则采用如下方法计算数据长度。

（1）响应数据包（WSP Reply）不分片

- 面向连接情形

Length（数据）＝传输层 Length 字段值－（传输层长度＋WTP 层长度＋2＋
WSP Headers Length 字段所占字节＋WSP Headers Length
数值）

- 无连接情形

Length（数据）＝传输层 Length 字段值－（传输层长度＋3＋WSP Headers
Length 字段所占字节＋WSP Headers Length 数值）

（2）响应数据包（WSP Reply）分片

每个分片数据包都采用方法（1）计算数据长度，然后将所有分片数据长度累加，得到数据总长度。

# 7.8 WSP 报头中插入 MSISDN、IP 地址等信息

WSP 报头包括 WAP 特殊报头和与 HTTP 1.1 兼容的报头。HTTP 和 WAP 都允许使用自定义报头。

**1. 修改 WSP 报头类型和内容及服务器响应**

（1）修改 WSP 报头内容

WSP 报头内容修改前后的数据包如图 7-21 所示。

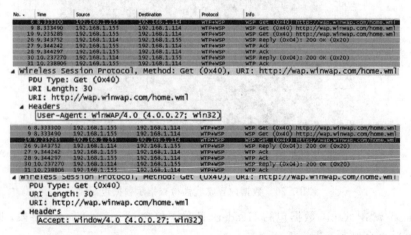

图 7-21  WSP 报头内容修改前后的数据包

（2）服务器正常响应 200 OK

WSP 报头修改后服务器正常响应数据包如图 7-22 所示。

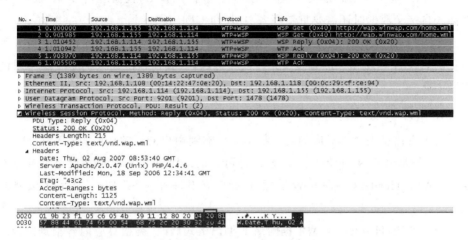

图 7-22　WSP 报头修改后服务器正常响应数据包

## 2. 在 WSP 报头中插入一条新内容

WSP 报头中插入新内容的数据包如图 7-23 所示。

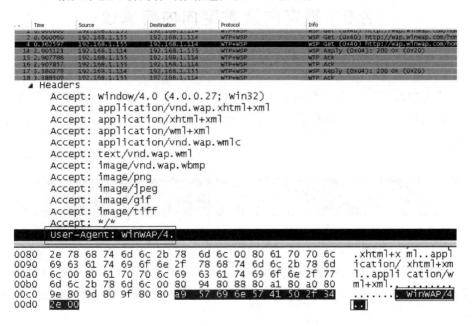

图 7-23　WSP 报头中插入新内容的数据包

**3. 注意事项**

① 如果报文修改后报文长度改变,需要重新计算 IP 校验和与 UDP 校验和,在插入自定义数据时还需要重新写入 IP 长和 UDP 长。

② 对于插入 WSP 报头字段,不同的 WSP PDU 类型插入不同格式的报头字段。例如,Get 类型插入的是报头字段类型的编码;其他情况插入的是报头字段的实际内容。

**4. 结论**

自定义信息头及其对应的内容都不会影响到用户的正常访问,在 WSP Headers 中插入 MSISDN、IP 地址等信息也是可行的。WSP Headers 字段类型参见附录 F。WSP Headers 字段位置根据 3.2.2 节中每种 WSP PDU 类型字段格式确定。

修改方法:Headers 类型根据附录 F 编码格式修改,类型对应内容根据附录 E 编码格式修改。如果修改后报文长度改变,需要重新计算 IP 校验和与 UDP 校验和。

# 7.9 重定向及重定向内容修改

重定向交互流程参见 5.6 节。

重定向前后 URI 对比数据包如图 7-24 所示,它们对应的五元组可能不同,即重定向前后不属于同一数据流。重定向引起的流量要考虑 URI 内容、Get/Reply 对应项内容等。

| No. | Time | Source | Destination | Protocol | Info |
|---|---|---|---|---|---|
| 2 | 4.682710 | 192.168.1.109 | 192.168.1.111 | WTP+WSP | WSP Connect (0x01) |
| 3 | 5.079487 | 192.168.1.111 | 192.168.1.109 | WTP+WSP | WSP ConnectReply (0x02) |
| 5 | 5.080125 | 192.168.1.109 | 192.168.1.111 | WTP+WSP | WSP Get (0x40) http://www.google.com |
| 18 | 8.993542 | 192.168.1.111 | 192.168.1.109 | WTP+WSP | WSP Reply (0x04): 302 Moved Temporarily (0x32) |
| 20 | 8.994202 | 192.168.1.109 | 192.168.1.111 | WTP+WSP | WSP Get (0x40) http://www.google.cn/m |
| 37 | 11.734124 | 192.168.1.111 | 192.168.1.109 | WTP+WSP | WSP Reply (0x04): 200 OK (0x20) |

图 7-24  重定向前后 URI 对比数据包

GET 事件请求报文到达的时间分为事前(网关收到 GET 但未转给服务器前)、事中(网关收到 GET 并转给服务器后)和事后(服务器已响应且网关已转给终端后)。

事前、事中:由于客户端没有收到服务器的响应,客户端和服务器之间没有建立连接,所以 WAP 网关只需修改状态代码(重定向状态代码)以达到重定向的目的。伪造前后的重定向地址内容如图 7-25 所示。

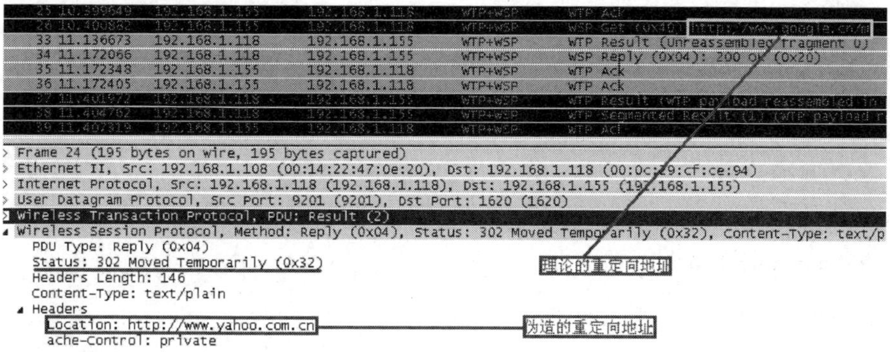

图 7-25　重定向地址伪造前后数据包比较

事后：由于客户端与服务器已经建立了连接，并且开始传送数据，所以在这个过程中，要想使客户端重定向，不能再发送 WSP Reply 响应状态代码，需要使用 WAP PUSH 方法，并且拦截客户端向服务器发起的数据通信请求。

# 7.10　Linux 中开源 WAP 网关的配置

Linux 中开源 WAP 网关较多，做得比较好的是 Kannel 和 3ui 网关。其中 Kannel 网关是第一个获得 WAP 论坛 WAP 1.1 兼容性认证的开放源代码的网关。本节主要介绍 Kannel 的 WAP 网关。Kannel 网关运行于 Linux 平台下，开放源代码，完全支持 WAP 1.1 协议规范，采用了分布式和多线程技术，网关处理速度快、可靠、易维护和易扩展。Kannel 网关实现了 WAP 标准协议栈；实现了 WML 和 WML Script 内容的编码与解码；支持 WBMP，实现了图形显示；支持安全连接、非安全连接方式；支持持久连接、临时连接方式；能在多台主机之间进行负载分担，容错性高；在普通的 PC 上能支持数百个并发用户。

可从 Kannel 网站下载源代码，将 gateway-1.0.3.tar.gz 下载到 Linux 机器上，Kannel 网关需要安装 xml 库，可以到 xmlsoft 网站下载 libxml2-2.2.8.tar.gz，假设目录为/home/wap，先安装 libxml 库。

```
cd /home/wap
tar zxvf libxml2-2.2.8.tar.gz
cd libxml2-2.2.8
```

```
./configure
make
make install（这一步需要 root 权限）
```

然后安装网关：

```
cd /home/wap
tar zxvf gateway-1.0.3.tar.gz
cd gateway-1.0.3
./configure
make
```

doc/arch 目录下的技术文档是 fig 格式，需要 fig2dev 程序，如果没有此程序，编译会报错，不过没有关系，我们需要的二进制可执行程序已经生成。如果嫌每次编译都报错麻烦，可以修改 Makefile，将此部分去掉，或者去下载 fig2dev。

现在在 gw 目录下，我们要的 bearerbox 和 wapbox 程序已生成，启动 bearerbox(./bearerbox &)，程序报错，无法读配置文件 kannel.conf，怎么回事？gw 目录下没有这个文件，把 wapkannel.conf 文件复制为 kannel.conf 就可以了(cp wapkannel.conf kannel.conf)。

配置文件 kannel.conf 的格式如下，具体的含义参考 Kannel 自带的文档。

```
group = core
admin-port = 13000
wapbox-port = 13002
admin-password = bar
wdp-interface-name = "*"
#log-file = "/tmp/kannel.log"
#log-level = 0
box-deny-ip = "*.*.*.*"
box-allow-ip = "127.0.0.1"
#admin-deny-ip = ""
#admin-allow-ip = ""
#access-log = "access.log"
group = wapbox
bearerbox-host = localhost
```

```
＃log-file = "/tmp/wapbox.log"
＃log-level = 0
syslog-level = none
```

启动网关后(./bearerbox & ;./wapbox &),就可以通过它访问 wml 页面,下载 WAP 模拟器,可以用 Nokia Toolkit、Erission WapIDE、UP. SDK、Motorola 等模拟器进行测试。如果有 WAP 手机,将装网关的 Linux 机器连到 Internet 上,就可以拨 172 了,把手机里的网关设置为机器的 IP 地址,就可以用手机上网了。在手机上需要做如下设置:

- 网关地址:×××.×××.×××.×××(网关机器的 IP 地址)。
- 端口号:9201(一般设置)、9200(无连接方式)。
- 连接类型:普通电话。
- 波特率:9 600。
- 用户名:wap。
- 口令:wap。
- 电话号码:172。

# 7.11　WAP 分析流程及程序设计

## 7.11.1　WAP 分析流程

WAP 分析流程如下,流程图如图 7-26 所示。

① 读数据包中的数据,定位到 WAP 数据偏移位置。

② 判断是否有 WTP,分两种情况处理。

a. 有 WTP,跳转到③。

b. 无 WTP,跳转到④。

③ 判断 WTP 是否存在分片。

a. 如无分片,继续。

b. 如有分片,查看是否乱序:

- 不乱序,继续;
- 若乱序,在对应流节点中缓存乱序数据包,直到小的 PSN 数据包到达,发送缓存的数据包,继续。

④ 判断是否是重传数据包:

a. 不是,继续;

b. 是,统计重传个数和总流量,挂在对应流节点中。

⑤ 重定向流量的统计。

⑥ 对承载业务的处理(OMA、MMS)。

⑦ 在用户节点中记录需求数据。

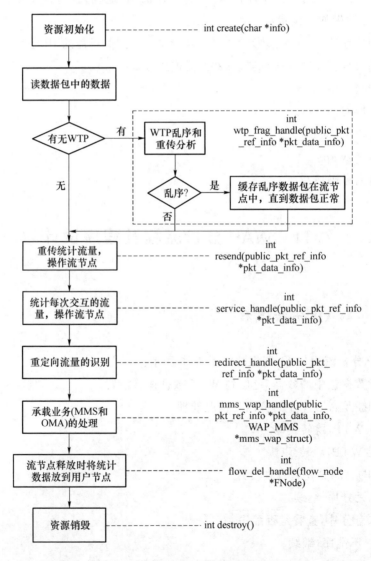

图 7-26　WAP 分析流程图

## 7.11.2　重要步骤的实现方法

### 1. WTP 分片、乱序的判断

① 判断端口,9201 和 9203 有 WTP 层(面向连接),存在 WTP 分片的可能。

② 根据 WTP PDU 类型字段(第 6 位到第 1 位)判断是否是分片数据包,并对分片数据包进行链表存储。

```
wtp_header  * pWTPhead;
switch(pWTPhead->WTP_PDU_TYPE & 0x7e){
case 0x08://WTP Invoke
case 0x28:
case 0x2c:{
//先判断是否是重传数据包(根据 TID 和 PSN)。若是,累加重传数据包个数和
    流量,不在 WTP 分片节点中存储;若不是,在 WTP 分片节点中存储该数据包,
    累加分片包个数和流量。实现函数:int resend(public_pkt_ref_info  *
    pkt_data_info)
//采用 WTP 乱序节点,存储乱序节点,并且处理乱序情况(数据包顺序由 PSN
    标识,根据先后顺序判断是否乱序)
}
case 0x14://WTP Result
case 0x30:
case 0x34:{
//先判断是否是重传数据包(根据 TID 和 PSN)。若是,累加重传数据包个数和
    流量,不在 WTP 分片节点中存储;若不是,在 WTP 分片节点中存储该数据包,
    累加分片包个数和流量。实现函数:int resend(public_pkt_ref_info  *
    pkt_data_info)
//采用 WTP 乱序节点,存储乱序节点,并且处理乱序情况(数据包顺序由 PSN
    标识,根据先后顺序判断是否乱序)
}
case 0x2a://SegInvoke 数据包重组
case 0x32://SegResult 数据包重组
default: return;//无 WTP 分片
}
```

③ 实现函数:int wtp_frag_handle(public_pkt_ref_info　* pkt_data_info)。

**2. WSP 关键字提取和流量统计**

① 根据 WTP PDU 类型确定 WSP 报头位置。

② 根据 WSP PDU 类型,提取各自的关键字,并且进行相应需求的处理。

③ URI(Get/Post)、Content-Type(Post/Reply/Push/ConfirmedPush)、响应状态代码的提取。

**3. 每次交互过程流量的统计**

一次交互过程由 WSP Connect、WSP Get、WSP Push、WSP Post、WSP Suspend、WSP Disconnect 等 WSP PDU 方法发起,到 WSP Result(无连接)或者 WTP ACK(面向连接)结束,在 connect_each_exchange_bytes()和 connectless_each_exchange_bytes()中实现。

**4. 一条流的总流量的统计(上报用户节点时处理)**

把一条流(同一五元组)中所有交互过程的流量累加,挂在流节点中,在 dlist_add_tail()中实现。

**5. 重定向流量的统计**

① 识别重定向需要的关键字以及重定向的 URI,将重定向的数据流量挂在对应的流节点中(包括流节点关联)。

② 实现函数:int redirect_handle(public_pkt_ref_info　* pkt_data_info)。

**6. 上层业务的分析**

① 识别业务种类:WSP 的 Content-Type 字段。

② 实现函数:int mms_wap_handle(public_pkt_ref_info　* pkt_data_info, WAP_MMS * mms_wap_struct)、int oma_wap_handle(public_pkt_ref_info　* pkt_data_info, WAP_OMA * mms_oma_struct)。

**7. 重传处理**

① 重传标志位,统计重传数据包个数和重传总流量。

② 实现函数:int resend(public_pkt_ref_info　* pkt_data_info)。

# 7.11.3　重要接口函数设计

**1. 对外接口函数**

int creat(char * info);

```
int service_handle(public_pkt_ref_info   * pkt_data_info);
int flow_del_handle( *  FNode);
int destroy();
```

## 2. 内部函数

```
//WAP 分片、乱序处理模块
int wtp_frag_handle(public_pkt_ref_info   * pkt_data_info){
return 0;
}
//重传处理模块
int resend(public_pkt_ref_info   * pkt_data_info){
return 0;
}
//WAP 承载 MMS 的处理模块
int mms_wap_handle(public_pkt_ref_info   * pkt_data_info, WAP_MMS *
mms_wap_struct)
{
return 0;
}
//WAP 承载 OMA 的处理模块
int oma_wap_handle(public_pkt_ref_info   * pkt_data_info, WAP_OMA *
mms_oma_struct)
{
return 0;
}
//重定向处理模块
int redirect_handle(public_pkt_ref_info   * pkt_data_info){
return 0;
}
```

## 7.11.4 主要数据结构的设计

### 1. WTP 分片节点

```
//WTP分片节点用于存储接收到的WTP分片数据
typedef struct _wtp_frag_node_
{
    struct _wtp_frag_node_ * next;    //分片的后续指针
    unsigned char u8PSN               //当前数据包的PSN(Packet
                                        Sequence Number)
    unsigned short u32TID             //当前事务ID号(第2、3个字节和
                                        0x7fff进行与操作的结果)
    unsigned char * pkt_data;         //WTP负载数据
    unsigned char check_cnt;          //用于WTP节点的老化,在一个WTP
                                        数据包的分片数据长时间没有接
                                        收完成的情况下,由定时器来定期
                                        对该值进行加1操作,当达到门限
                                        值时,就将该WTP节点从链表上
                                        取下
}wtp_frag_node;
```

### 2. WTP 乱序节点

```
//用于WTP乱序和重传
typedef struct _wtp_node_
{
    struct _wtp_node_ * next;//乱序的后续指针
    unsigned char u8PSN               //当前数据包的PSN(Packet Sequence
                                        Number)
    unsigned short u32TID             //当前事务ID号(第2、3个字节和
                                        0x7fff进行与操作的结果)
}wtp_node;
```

### 3. WTP 头节点

```
typedef struct _wtphead//wtp header
{
    unsigned char WTP_PDU_TYPE;
    unsigned short TID;
}wtp_header;
```

### 4. WSP 头节点

```
typedef struct _wsphead//WSP Header
{
    unsigned char WSP_PDU_TYPE;
    unsigned char URI_len_or_Status;
}wsp_header;
```

# 附录A 协议相关参考文档

RFC 793：Transmission Control Protocol；http：//www. ietf. org/rfc/rfc0793. txt。

RFC 2068、2616：Hypertext Transfer Protocol—HTTP/1. 1；http：//www. ietf. org/rfc/rfc2068. txt. http：//www. ietf. org/rfc/rfc2616. txt。

RFC 2234：Augmented BNF for Syntax Specification：ABNF；http：//www. ietf. org/rfc/rfc2234. txt。

WAE：Wireless Application Environment Specification，WAP Forum，April 30，1998；http：//www. wapforum. org。

WAP：Wireless Application Protocol Architecture Specification，WAP Forum，April 30，1998；http：//www. wapforum. org。

WSP：Wireless Session Protocol，WAP Forum，April 30，1998；http：//www. wapforum. org。

WTLS：Wireless Transport Layer Security Specification，WAP Forum，April 30，1998；http：//www. wapforum. org。

WTP：Wireless Transaction Protocol，WAP Forum，April 30，1998；http：//www. wapforum. org。

WAP-225-TCP-20010331-a：Wireless Profiled TCP Specification，2001. 3. 21；http：//www. wapforum. org。

TLS：The TLS Protocol，November 1997；ftp：//ftp. ietf. org/internet-drafts/draft-ietf-tls-protocol-05. txt。

PushOTA：WAP Push OTA Specification，WAP Forum；http：//www. wapforum. org。

PushPAP：WAP Push Access Protocol Specification，WAP Forum；http：//www. wapforum. org。

PushPPG：WAP Push Proxy Gateway Specification，WAP Forum；http://www. wapforum. org。

PushMsg：WAP Push Message Specification，WAP Forum；http://www. wapforum. org。

ProvCont：Provisioning Content Type Specification，WAP Forum；http://www. wapforum. org。

W-HTTP：Wireless Profiled TCP；http://www. wapforum. org。

# 附录 B  协议报头列表

| 报头名称 | 类型 | 内容 | 编码 |
|---|---|---|---|
| Accept | 请求 | 客户能处理的页面类型 | 0x80 |
| Accept-Charset | 请求 | 客户可以接受的字符集 | 0x81 |
| Accept-Encoding | 请求 | 客户能处理的页面编码方法 | 0x82 |
| Accept-Language | 请求 | 客户能处理的自然语言 | 0x83 |
| Accept-Ranges | 回应 | 服务器将接收指定了字节范围的请求 | 0x84 |
| Age | 回应 | 发送者对服务器端回应(或重定向)消息产生以来的总时间的估算 | 0x85 |
| Allow | 实体 | 表示由请求 URI 所指定的资源支持在 Allow 实体标题域中列出的方法,目的是让接收方更清楚地知道请求此资源的合法方式。Allow 标题域不允许在 POST 方法中使用,如果非要这么做,将被忽略 | 0x86 |
| Authorization | 请求 | 客户的信任凭据列表 | 0x87 |
| Cache-Control | 普通 | 用来定义缓存机制中具体的规则 | 0x88/0xbd |
| Connection | 普通 | 向接收方指明本次连接的属性 | 0x89 |
| Content-Base | | | 0x8a |
| Content-Encoding | 实体 | 内容编码的实体头(Entity-Header)用作介质类型(Media-Type)的修饰符。它指明要对资源采用的附加内容译码方式,因而要获得内容类型(Content-Type)中提及的介质类型,必须采用与译码方式一致的解码机制。内容编码主要用来记录文件的压缩方法<br>x-gzip:文件压缩程序"gzip"(GNU zip,由 Jean-loup Gailly 开发)的编码格式,该格式属于典型的带有 32 位 CRC 校验的 Lempel-Ziv 译码(LZ77)<br>x-compress:文件压缩程序"compress"的编码格式,该格式适用于 LZW(Lempel-Ziv-Welch)译码 | 0x8b |
| Content-Language | 实体 | 内容的语言 | 0x8c |

续 表

| 报头名称 | 类 型 | 内 容 | 编 码 |
|---|---|---|---|
| Content-Length | 实体 | 发送到接收方的实体主体(Entity-Body)长度,用以字节方式存储的十进制数字表示。对于 HEAD 方法,其尺寸已经在前一次 GET 请求中发出了<br>有时服务器生成回应是无法确定消息大小的,这时用 Content-Length 就无法事先写入长度,而需要实时生成消息长度,服务器一般采用 Chunked 编码 | 0x8d |
| Content-Location | 实体 | 指定要访问资源的直接位置 URL | 0x8e |
| Content-MD5 | 实体 | 实体的 MD5 摘要,提供了一种端到端(end-to-end)的实体信息完整性检查(Message Integrity Check,MIC) | 0x8f |
| Content-Range | 实体 | 用来传输部分实体 | 0x90 |
| Content-Type | 实体 | 发送给接收方的介质类型,在服务器响应的 Reply 字段中 | 0x91 |
| Date | 普通 | 消息被发送时的日期和时间 | 0x92 |
| Etag | 回应 | 与信息体中资源相对应的标记 | 0x93 |
| Expires | 实体 | 指定了实体过期的时间,这为信息提供方提供了使信息失效的手段。当超过此期限时,应用程序不应再对此实体进行缓存了。过期并不意味着原始资源会在此期限后发生改变或停止存在。在实际应用中,信息提供者通过检查 Expires 中所指定的时间,从而获知或预测资源将会发生改变的确切日期。该格式用的是绝对日期时间 | 0x94 |
| From | 请求 | 如果给出来,则应包括一个使用此用户代理的用户的 E-mail 地址 | 0x95 |
| Host | 请求 | 服务器的 DNS 名字 | 0x96 |
| If-Modified-Since | 请求 | 向服务器表达有条件请求,若资源在指定时间点后有过修改,则条件为真 | 0x97 |
| If-Match | 请求 | 向服务器表达有条件请求,若指定的标记匹配,则条件为真(见回应头项 Etag) | 0x98 |
| If-None-Match | 请求 | 向服务器表达有条件请求,若指定的标记不匹配,则条件为真(见应答头项 Etag) | 0x99 |
| If-Range | 请求 | 如果客户端已经缓存了实体(Entity)的部分数据,想要继续传输剩下的部分,可以发送一个有条件请求(If-Modified-Since 和 If-Match 中的一个或两个)<br>如果原实体已经改变,客户端就需要对实体的整个新版本再次发出请求 | 0x9a |

续　表

| 报头名称 | 类　型 | 内　容 | 编　码 |
|---|---|---|---|
| If-Unmodified-Since | 请求 | 向服务器表达有条件请求,若资源在指定时间点后没有过修改,则条件为真 | 0x9b |
| Location | 回应 | 指示客户将请求发送到别处 | 0x9c |
| Last-Modified | 实体 | 由发送方设定的资源最近修改日期及时间。该域的精确定义在于接收方如何去解释它:如果接收方已有此资源的复制,但此复制比 Last-Modified 域所指定的要旧,该复制就是过期的 | 0x9d |
| Max-Forwards | 请求 | 它与 TRACE 和 OPTIONS 方法一起来限制转发请求的网关和代理的数量 | 0x9e |
| Pragma | 普通 | 对请求/回应中的任一接收方有用的特殊指示信息 | 0x9f |
| Proxy-Authenticate | 回应 | 必须与 407(Proxy Authentication Required)一起使用,它由一个包含鉴权和本次请求 URI 参数的 challenge 构成 | 0xa0 |
| Proxy-Authorization | 请求 | 客户端(或他的用户)向需要鉴权的代理证明身份 | 0xa1 |
| Public | | | 0xa2 |
| Range | 请求 | 用条件或非条件的 GET 来请求部分实体。Range 是 HT-TP/1.1 新增内容,HTTP/1.0 每次传送文件都是从文件头开始的,即从 0 字节处开始。Range:bytes＝××××表示要求服务器从文件××××字节处开始传送,这就是我们平时所说的断点续传 | 0xa3 |
| Referer | 请求 | 客户端指明该链接的出处,即该指向资源地址的请求 URI 是从哪里获得的 | 0xa4 |
| Retry-After | 回应 | 可与 503(服务不可用)回应一起使用,用于指示服务器停止响应客户请求的时间长短。该域的值可用 HTTP 格式的日期表示,也可以用整数来表示回应时间后的秒数 | 0xa5 |
| Server | 回应 | 关于服务器的信息 | 0xa6 |
| Transfer-Encoding | 普通 | 使用什么样的传输方法来保证信息被安全地传输 | 0xa7 |
| Upgrade | 普通 | 发送方希望切换到的协议 | 0xa8 |
| User-Agent | 请求 | 关于浏览器和它的平台的信息 | 0xa9 |
| Vary | 回应 | 指出了完全确定的请求头,对于一个新的请求,就缓存是否被允许使用这个回应在没有重生效的前提下回复子请求 | 0xaa |
| Via | 普通 | 被网关和代理服务器用来指出用户代理和服务器及源服务器和客户端之间的中间协议和中间节点 | 0xab |

| 报头名称 | 类　型 | 内　容 | 编　码 |
|---|---|---|---|
| Warning | 普通 | 表示信息传输的状态,常用来警告缓存过程中的语义不明 | 0xac |
| www-Authenticate | 回应 | 必须被包括在 401(未授权)回应消息中。该域值由一个以上的 challenge 组成,这些 challenge 可用于指出请求 URI 的授权方案及参数 | 0xad |
| Content-Disposition | | | 0xAE |
| X-Wap-Application-Id | | | 0xAF |
| X-Wap-Content-URI | | | 0xB0 |
| X-Wap-Initiator-URI | | | 0xB1 |
| Accept-Application | | | 0xB2 |
| Bearer-Indication | | | 0xB3 |
| Push-Flag | | | 0xB4 |
| Profile | | | 0xB5 |
| Profile-Diff | | | 0xB6 |
| Profile-Warning | | | 0xB7 |
| Cookie | 请求 | 将一个以前设置的 Cookie 送回给服务器(RFC 1945 2616 中未定义) | |
| Set-Cookie | 回应 | 服务器希望客户保存一个 Cookie(RFC 1945 2616 中未定义) | |

# 附录C 协议应答状态列表

| 状态码 | 状态信息 | 含义 | 分配的号码 |
|---|---|---|---|
| 空 | Reserved | 保留 | 0x00～0x0f |
| 100 | Continue | 初始的请求已经接收,客户应当继续发送请求的其余部分 | 0x10 |
| 101 | Switching Protocols | 服务器将遵从客户的请求转换到另外一种协议 | 0x11 |
| 200 | OK. Success | 一切正常,对 GET 和 POST 请求的应答文档跟在后面 | 0x20 |
| 201 | Created | 服务器已经创建了文档,Location 头给出了它的 URL | 0x21 |
| 202 | Accepted | 已经接收请求,但处理尚未完成 | 0x22 |
| 203 | Non-Authoritative Information | 文档已经正常返回,但一些应答头可能不正确,因为使用的是文档的复制 | 0x23 |
| 204 | No Content | 没有新文档,浏览器应该继续显示原来的文档。如果用户定期刷新页面,Servlet 可以确定用户文档足够新,这个状态代码是很有用的 | 0x24 |
| 205 | Reset Content | 没有新的内容,但浏览器应该重置它所显示的内容。用来强制浏览器清除表单输入内容 | 0x25 |
| 206 | Partial Content | 客户发送了一个带有 Range 头的 GET 请求,由服务器完成 | 0x26 |
| 300 | Multiple Choices | 客户请求的文档可以在多个位置找到,这些位置已经在返回的文档内列出。如果服务器要提出优先选择,则应该在 Location 应答头指明 | 0x30 |
| 301 | Moved Permanently | 客户请求的文档在其他地方,新的 URL 在 Location 头中给出,浏览器应该自动地访问新的 URL | 0x31 |

| 状态码 | 状态信息 | 含　义 | 分配的号码 |
|---|---|---|---|
| 302 | Moved Temporarily | 类似于 301,但新的 URL 应该被视为临时性的替代,而不是永久性的。注意,在 HTTP 1.0 中对应的状态信息是"Moved Temporarily"。出现该状态代码时,浏览器能够自动访问新的 URL,因此它是一个很有用的状态代码。注意这个状态代码有时候可以和 301 替换使用。例如,浏览器错误地请求 http://host/~user(缺少了后面的斜杠),有的服务器返回 301,有的则返回 302。严格地说,我们只能假定只有当原来的请求是 GET 时,浏览器才会自动重定向。请参见 307 | 0x32 |
| 303 | See Other | 类似于 301/302,不同之处在于,如果原来的请求是 POST,Location 头指定的重定向目标文档应该通过 GET 提取 | 0x33 |
| 304 | Not Modified | 客户端有缓冲的文档并发出了一个条件性的请求(一般是提供 If-Modified-Since 头表示客户只想要比指定日期更新的文档)。服务器告诉客户,原来缓冲的文档还可以继续使用 | 0x34 |
| 305 | Use Proxy | 客户请求的文档应该通过 Location 头所指明的代理服务器提取 | 0x35 |
| 306 | Reserved | 保留,未使用 | 0x36 |
| 307 | Temporary Redirect | 和 302(Found)相同。许多浏览器会错误地响应 302 应答进行重定向,即使原来的请求是 POST,它实际上只能在 POST 请求的应答是 303 时才能重定向。由于这个原因,HTTP 1.1 新增了 307,以便更加清楚地区分几个状态代码:当出现 303 应答时,浏览器可以跟随重定向的 GET 和 POST 请求;如果是 307 应答,则浏览器只能跟随对 GET 请求的重定向 | 0x37 |
| 400 | Bad Request | 请求出现语法错误,服务器不能理解请求 | 0x40 |
| 401 | Unauthorized | 客户试图未经授权访问受密码保护的页面。应答中会包含一个 WWW-Authenticate 头,浏览器据此显示用户名字/密码对话框,然后在填写合适的 Authorization 头后再次发出请求 | 0x41 |
| 402 | Payment Required | 保留,将来使用 | 0x42 |

| 状态码 | 状态信息 | 含　义 | 分配的号码 |
|---|---|---|---|
| 403 | Forbidden | 资源不可用。服务器理解客户的请求,但拒绝处理它。通常是因为服务器上文件或目录的权限设置 | 0x43 |
| 404 | Not Found | 无法找到指定位置的资源。这也是一个常用的应答 | 0x44 |
| 405 | Method Not Allowed | 请求方法(GET、POST、HEAD、DELETE、PUT、TRACE 等)对指定的资源不适用 | 0x45 |
| 406 | Not Acceptable | 指定的资源已经找到,但它的 MIME 类型和客户在 Accept 头中所指定的不兼容 | 0x46 |
| 407 | Proxy Authentication Required | 类似于 401,表示客户必须先经过代理服务器的授权 | 0x47 |
| 408 | Request Timeout | 在服务器许可的等待时间内,客户一直没有发出任何请求。客户可以在以后重复同一请求 | 0x48 |
| 409 | Conflict | 通常和 PUT 请求有关。由于请求和资源的当前状态相冲突,因此请求不能成功 | 0x49 |
| 410 | Gone | 所请求的文档已经不再可用,而且服务器不知道应该重定向到哪一个地址。它和 404 的不同在于,返回 407 表示文档永久地离开了指定的位置,而 404 表示未知的原因导致文档不可用 | 0x4A |
| 411 | Length Required | 服务器不能处理请求,除非客户发送一个 Content-Length 头 | 0x4B |
| 412 | Precondition Failed | 请求头中指定的一些前提条件失败 | 0x4C |
| 413 | Request Entity too Large | 目标文档的大小超过服务器当前愿意处理的大小。如果服务器认为自己能够稍后再处理该请求,则应该提供一个 Retry-After 头 | 0x4D |
| 414 | Request URI too Long | URI 太长 | 0x4E |
| 415 | Unsupported Media Type | 不支持的媒体类型 | 0x4F |
| 416 | Requested Range Not Satisfiable | 服务器不能满足客户在请求中指定的 Range 头 | 0x50 |
| 417 | Expectation Failed | 客户端发出的特殊请求失败 | 0x51 |
| 500 | Internal Server Error | 服务器遇到了意料不到的情况,不能完成客户的请求 | 0x60 |

| 状态码 | 状态信息 | 含 义 | 分配的号码 |
|---|---|---|---|
| 501 | Not Implemented | 服务器不支持实现请求所需要的功能。例如，客户发出了一个服务器不支持的 PUT 请求 | 0x61 |
| 502 | Bad Gateway | 服务器作为网关或者代理时，为了完成请求访问下一个服务器，但该服务器返回了非法的应答 | 0x62 |
| 503 | Service Unavailable | 服务器由于维护或者负载过重未能应答。例如，Servlet 可能在数据库连接池已满的情况下返回 503。服务器返回 503 时可以提供一个 Retry-After 头 | 0x63 |
| 504 | Gateway Timeout | 由作为代理或网关的服务器使用，表示不能及时地从远程服务器获得应答 | 0x64 |
| 505 | HTTP Version Not Supported | 服务器不支持请求中所指明的 HTTP 版本 | 0x65 |

# 附录 D  PAP 状态列表

| 状态码 | 状态信息 | 含 义 | 应用场景 | | | | | |
|---|---|---|---|---|---|---|---|---|
| | | | 响应-结果 | 取消-响应 | 结果报告-消息 | 结果报告-响应 | 状态查询-结果 | 客户端能力查询-响应 |
| 1000 | OK | 请求成功 | | x | x | x | x | x |
| 1001 | Accepted for Processing | 请求被接收 | x | | | | | |
| 2000 | Bad Request | 语法错误,不能理解 | x | x | | x | x | x |
| 2001 | Forbidden | 请求被拒 | x | x | x | | x | x |
| 2002 | Address Error | 无法识别客户端 | x | x | x | | x | x |
| 2003 | Address Not Found | 没找到定义的地址 | | x | | | x | |
| 2004 | Push ID Not Found | 没有找到 push-id | | x | | | x | |
| 2005 | Capabilities Mismatch | 客户端没有满足假设的能力 | x | | x | | | |
| 2006 | Required Capabilities Not Supported | 客户端不支持输入格式 | x | | x | | | |
| 2007 | Duplicate push-id | PPG 中提供的 push-id 不唯一 | x | | | | | |
| 2008 | Cancellation Not Possible | 没有找到定义的 push-id,不提供取消操作 | x | x | x | | | |
| 3000 | Internal Server Error | 服务器端无法完成请求 | x | x | | | x | x |
| 3001 | Not Implemented | 服务器端不支持请求的操作 | | x | | | x | x |
| 3002 | Version Not Supported | 服务器不支持指定的协议版本 | x | x | | x | x | x |
| 3003 | Multiple Address Not Supported | PPF 不支持指定多个接收者的操作 | x | x | | | x | |

| 状态码 | 状态信息 | 含　义 | 应用场景 | | | | | |
|---|---|---|---|---|---|---|---|---|
| | | | 响应/结果 | 取消/响应 | 结果报告/消息 | 结果报告/响应 | 状态查询/结果 | 客户端能力查询/响应 |
| 3004 | Capability Matching Not Supported | PPG 不支持 push 消息中提供的客户端能力信息 | x | | | | | |
| 3005 | Multiple Address Not Supported | PPG 不支持指定多接收者的操作 | x | x | | | x | |
| 3006 | Transformation Failure | PPG 无法执行消息中的传输操作 | x | | | x | x | |
| 3007 | Specified Delivery Method Not Possible | PPG 无法执行定义的确认和非确认操作 | x | | | x | x | |
| 3008 | Capabilities Not Available | 客户端没有提供能力信息 | | | | | | x |
| 3009 | Required Network Not Available | 请求的网络不可用 | x | | | x | x | |
| 3010 | Required Bearer Not Available | 请求的 bearer 不可用 | x | | | x | x | |
| 3011 | Replacement Not Supported | PPG 不支持替换操作 | x | | | | | |
| 4000 | Service Failure | 服务失败 | | | | x | x | |
| 4001 | Service Unavailable | 服务器忙 | | | | x | x | |
| 5xxx | Mobile Client Aborted | 移动客户端丢弃操作 | | | | x | x | |

注:"x"表示不同状态码在哪些应用场景中出现。

# 附录 E　Content-Type 编码表

| Content-Type | 编码版本 | 对应编码 |
|---|---|---|
| * / * | 1.1 | 0x00 |
| text/ * | 1.1 | 0x01 |
| text/html | 1.1 | 0x02 |
| text/plain | 1.1 | 0x03 |
| text/x-hdml | 1.1 | 0x04 |
| text/x-ttml | 1.1 | 0x05 |
| text/x-vCalendar | 1.1 | 0x06 |
| text/x-vCard | 1.1 | 0x07 |
| text/vnd. wap. wml | 1.1 | 0x08 |
| text/vnd. wap. wmlscript | 1.1 | 0x09 |
| text/vnd. wap. channel | 1.1 | 0x0A |
| Multipart/ * | 1.1 | 0x0B |
| Multipart/mixed | 1.1 | 0x0C |
| Multipart/form-data | 1.1 | 0x0D |
| Multipart/byteranges | 1.1 | 0x0E |
| multipart/alternative | 1.1 | 0x0F |
| application/ * | 1.1 | 0x10 |
| application/java-vm | 1.1 | 0x11 |
| application/x-www-form-urlencoded | 1.1 | 0x12 |
| application/x-hdmlc | 1.1 | 0x13 |
| application/vnd. wap. wmlc | 1.1 | 0x14 |
| application/vnd. wap. wmlscriptc | 1.1 | 0x15 |
| application/vnd. wap. channelc | 1.1 | 0x16 |
| application/vnd. wap. uaprof | 1.1 | 0x17 |
| application/vnd. wap. wtls-ca-certificate | 1.1 | 0x18 |

**续　表**

| Content-Type | 编码版本 | 对应编码 |
|---|---|---|
| application/vnd. wap. wtls-user-certificate | 1. 1 | 0x19 |
| application/x-x509-ca-cert | 1. 1 | 0x1A |
| application/x-x509-user-cert | 1. 1 | 0x1B |
| image/ * | 1. 1 | 0x1C |
| image/gif | 1. 1 | 0x1D |
| image/jpeg | 1. 1 | 0x1E |
| image/tiff | 1. 1 | 0x1F |
| image/png | 1. 1 | 0x20 |
| image/vnd. wap. wbmp | 1. 1 | 0x21 |
| application/vnd. wap. multipart. * | 1. 1 | 0x22 |
| application/vnd. wap. multipart. mixed | 1. 1 | 0x23 |
| application/vnd. wap. multipart. form-data | 1. 1 | 0x24 |
| application/vnd. wap. multipart. byteranges | 1. 1 | 0x25 |
| application/vnd. wap. multipart. alternative | 1. 1 | 0x26 |
| application/xml | 1. 1 | 0x27 |
| text/xml | 1. 1 | 0x28 |
| application/vnd. wap. wbxml | 1. 1 | 0x29 |
| application/x-x968-cross-cert | 1. 1 | 0x2A |
| application/x-x968-ca-cert | 1. 1 | 0x2B |
| application/x-x968-user-cert | 1. 1 | 0x2C |
| text/vnd. wap. si | 1. 1 | 0x2D |
| application/vnd. wap. sic | 1. 2 | 0x2E |
| text/vnd. wap. sl | 1. 2 | 0x2F |
| application/vnd. wap. slc | 1. 2 | 0x30 |
| text/vnd. wap. co | 1. 2 | 0x31 |
| application/vnd. wap. coc | 1. 2 | 0x32 |
| application/vnd. wap. multipart. related | 1. 2 | 0x33 |
| application/vnd. wap. sia | 1. 2 | 0x34 |
| text/vnd. wap. connectivity-xml | 1. 3 | 0x35 |
| application/vnd. wap. connectivity-wbxml | 1. 3 | 0x36 |
| Unassigned | | 0x37～0x7F |

注：WAP 英文文档（WAP FORUM 发布）中 Content-Type 编码如本表所示，但是，在实际捕获的数据包中，编码值是本表中编码值加 0x80。

# 附录 F　WSP Headers 字段类型及编码格式

| 字段名 | 编码版本 | 编码值 |
|---|---|---|
| Accept | 1.1 | 0x00 |
| Accept-Charset1 | 1.1 | 0x01 |
| Accept-Encoding1 | 1.1 | 0x02 |
| Accept-Language | 1.1 | 0x03 |
| Accept-Ranges | 1.1 | 0x04 |
| Age | 1.1 | 0x05 |
| Allow | 1.1 | 0x06 |
| Authorization | 1.1 | 0x07 |
| Cache-Control1 | 1.1 | 0x08 |
| Connection | 1.1 | 0x09 |
| Content-Base | 1.1 | 0x0A |
| Content-Encoding | 1.1 | 0x0B |
| Content-Language | 1.1 | 0x0C |
| Content-Length | 1.1 | 0x0D |
| Content-Location | 1.1 | 0x0E |
| Content-MD5 | 1.1 | 0x0F |
| Content-Range1 | 1.1 | 0x10 |
| Content-Type | 1.1 | 0x11 |
| Date | 1.1 | 0x12 |
| Etag | 1.1 | 0x13 |
| Expires | 1.1 | 0x14 |
| From | 1.1 | 0x15 |
| Host | 1.1 | 0x16 |
| If-Modified-Since | 1.1 | 0x17 |

| 字段名 | 编码版本 | 编码值 |
|---|---|---|
| If-Match | 1.1 | 0x18 |
| If-None-Match | 1.1 | 0x19 |
| If-Range | 1.1 | 0x1A |
| If-Unmodified-Since | 1.1 | 0x1B |
| Location | 1.1 | 0x1C |
| Last-Modified | 1.1 | 0x1D |
| Max-Forwards | 1.1 | 0x1E |
| Pragma | 1.1 | 0x1F |
| Proxy-Authenticate | 1.1 | 0x20 |
| Proxy-Authorization | 1.1 | 0x21 |
| Public | 1.1 | 0x22 |
| Range | 1.1 | 0x23 |
| Referer | 1.1 | 0x24 |
| Retry-After | 1.1 | 0x25 |
| Server | 1.1 | 0x26 |
| Transfer-Encoding | 1.1 | 0x27 |
| Upgrade | 1.1 | 0x28 |
| User-Agent | 1.1 | 0x29 |
| Vary | 1.1 | 0x2A |
| Via | 1.1 | 0x2B |
| Warning | 1.1 | 0x2C |
| WWW-Authenticate | 1.1 | 0x2D |
| Content-Disposition | 1.1 | 0x2E |
| X-Wap-Application-Id | 1.2 | 0x2F |
| X-Wap-Content-URI | 1.2 | 0x30 |
| X-Wap-Initiator-URI | 1.2 | 0x31 |
| Accept-Application | 1.2 | 0x32 |
| Bearer-Indication | 1.2 | 0x33 |
| Push-Flag | 1.2 | 0x34 |
| Profile | 1.2 | 0x35 |
| Profile-Diff | 1.2 | 0x36 |
| Profile-Warning | 1.2 | 0x37 |

续 表

| 字段名 | 编码版本 | 编码值 |
|---|---|---|
| Expect | 1.3 | 0x38 |
| TE | 1.3 | 0x39 |
| Trailer | 1.3 | 0x3A |
| Accept-Charset | 1.3 | 0x3B |
| Accept-Encoding | 1.3 | 0x3C |
| Cache-Control | 1.3 | 0x3D |
| Content-Range | 1.3 | 0x3E |
| X-Wap-Tod | 1.3 | 0x3F |
| Content-ID | 1.3 | 0x40 |
| Set-Cookie | 1.3 | 0x41 |
| Cookie | 1.3 | 0x42 |
| Encoding-Version | 1.3 | 0x43 |

注:在实际捕获的数据包中,编码值是本表编码值加 0x80,还可能采用明文表示。

# 附录 G    TLS 握手协议类型

| 取值<br>（十进制） | 对应类型 | 具体含义 |
|---|---|---|
| 0 | Hello Request | 服务器在任何时候都可以发送 Hello Request 消息。服务器使用该消息来通知客户端需要发起一个新的 Client Hello 消息,来重新进行会话的协商 |
| 1 | Client Hello | Client Hello 消息是发送的第一条握手消息。该消息的主要目的就是让客户端传输有关连接参数的首选项 |
| 2 | Server Hello | Server Hello 消息被服务器用来从客户端提供的各种选项中进行选择 |
| 11 | Certificate | Certificate(证书)的类型必须与所选择的加密套件(双方加密用的一套算法及参数)的密钥交换算法相适应,一般是 X.509 证书序列。证书包含的密钥必须与密钥交换算法的密码匹配 |
| 12 | Server_key_exchange | 服务器使用 ServerKeyExchange 消息来传输经过签名的 RSA 密钥 ServerKeyExchange 消息会在 Server Hello 或者 Certificate 消息之后发出 |
| 13 | Certificate_request | 在选择的密码套件合适的情况下,非匿名的服务器可以选择请求验证客户端的证书,并就服务器愿意接收的认证类型提供指导。该消息将在 ServerKeyExchange 消息或者 ServerCertificate 消息后发送 |
| 14 | Server_hello_done | 服务器通过发送该消息告诉客户端其要发送的消息已经发送完毕,客户端可以开始它的密钥交换工作。客户端在接收到 Server Hello Done 消息以后应该验证服务器的证书,以及检查服务器提供的相关参数是否合法 |
| 15 | Certificate_verify | 如果服务器向客户端发送了 CertificateRequest 来请求验证客户端的证书,客户端在收到了 Server Hello Done 以后就可以将 ClientCertificate 发送给服务器 |
| 16 | Client_key_exchange | 客户端使用 ClientKeyExchange 将 pre_master_secret 发送给服务器 |
| 20 | Finished | Finished 消息表明握手已经完成,后续消息内容将加密传输 |